U0348347

中国冷凉蔬菜
栽培新技术

关慧明　曲红云　鲁会玲　张　斯　著

中国农业科学技术出版社

图书在版编目（CIP）数据

中国冷凉蔬菜栽培新技术／关慧明等著 .—北京：中国农业科学技术
出版社，2016.12

ISBN 978－7－5116－2885－5

Ⅰ.①中… Ⅱ.①关… Ⅲ.①蔬菜园艺 Ⅳ.①S63

中国版本图书馆 CIP 数据核字（2016）第 297633 号

责任编辑　徐定娜
责任校对　马广洋

出 版 者　中国农业科学技术出版社
　　　　　北京市中关村南大街 12 号　邮编：100081
电　　话　(010)82105169(编辑室)　　　(010)82109702(发行部)
　　　　　(010)82109709(读者服务部)
传　　真　(010)82106650
网　　址　http://www.castp.cn
经 销 者　各地新华书店
印 刷 者　北京富泰印刷有限责任公司
开　　本　710mm×1 000mm　1/16
印　　张　9.5
字　　数　156 千字
版　　次　2016 年 12 月第 1 版　2016 年 12 月第 1 次印刷
定　　价　48.00 元

方智远院士在中国·乌兰察布冷凉蔬菜院士工作站

张志斌研究员在乌兰察布市甘蓝推广示范田

陆庆光研究员在洋葱推广示范田

曲红云副研究员在茄子良种繁育试验田

鲁会玲教授在法国波尔多葡萄产区考察葡萄种植情况

张斯在中国·乌兰察布冷凉蔬菜院士工作站创新工作室

序　言
——略论冷凉蔬菜与冷凉生态学

以蔬菜生物生态学基本特征为依据，在冷凉气候自然环境条件下生产的蔬菜，统称为冷凉蔬菜（Vegetable of Cold-cool Region）。

本书作者关慧明研究员于 2008 年明确提出冷凉蔬菜的概念。在各级政府和各级主管部门的大力支持下，通过相关领域专家团队和社会各界同行的共同努力，近年来内蒙古自治区的冷凉蔬菜产业快速发展。2010 年冷凉蔬菜被列入乌兰察布市"十二五"发展规划，2012 年由中国工程院方智远院士牵头成立了全国首个冷凉蔬菜院士工作站——"中国·乌兰察布冷凉蔬菜院士工作站"，2013 年科技部将冷凉蔬菜项目列入"十二五"国家重大支撑项目，2014 年经上级主管部门批准内蒙古自治区农牧业科学院设立"内蒙古绿色冷凉蔬菜工程技术研究中心"。2015 年内蒙古冷凉蔬菜种植面积约 270 万亩，产量约 108 万吨，产值约 108 亿元，农民纯收入约 54 亿元。2016 年 8 月 2 日，在"科技创新驱动冷凉蔬菜产业发展研讨会"上，中国农业科学院党组书记陈萌山充分肯定乌兰察布市冷凉蔬菜产业发展及冷凉蔬菜院士工作站的成果，并表示中国农业科学院与乌兰察布市将进一步密切合作，树立绿色发展理念，坚持标准化生产和品牌化经营，推动冷凉蔬菜全产业链整体升级。

冷凉蔬菜在一些地区也被称为高山蔬菜、错季蔬菜、反季节蔬菜等。目前，全国冷凉蔬菜主产区大致自然形成四大板块：蒙、宁、甘、新产区（高纬度、高海拔），晋、冀、陕、鄂产区（中纬度、高海拔），云、贵、川高原产区（低纬度、高海拔），东北产区（高纬度、低海拔）。冷凉蔬菜生产基地主要分布在武陵山区、秦巴山区、大别山区、六盘山区以及河北坝上等区域，涉及十多个省、市、自治区的 120 多个高海拔市、县。这些地区既是我国集中连片特殊困难地区也是革命老区，发展冷凉蔬菜产业是当地农民增收致富的新路径。据统计，2014 年全国冷凉蔬菜播种面积 2200

余万亩，产值超过 500 亿元。冷凉蔬菜已经形成了独具特色的新兴产业，对区域社会经济的发展具有重要战略意义。

当前我国已经进入创新驱动发展的新时期，科技创新促进了冷凉蔬菜的发展。冷凉蔬菜长期的生产实践和经验积累，为深入研究其基本规律创造了条件，也为创建新兴学科理论奠定了基础，这门新兴学科可以称为冷凉生态学（Cold-cool Ecology）。冷凉生态学在生态学理论体系中，属于应用生态学（Applied Ecology）和农业生态学（Agriculture Ecology）的范畴，是新兴的重要分支学科。冷凉生态学主要研究冷凉自然生态环境系统中生物之间的关系，生物与其周边环境气候型态的关系，包括植物与动物对气候的生理适应，以及自然环境因子对植物与动物生物生态学特性的影响等，部分研究内容与生态气候学、生态地理学等有重叠融合。冷凉生态学最鲜明的特征是，在交叉科学的基础之上深入研究各类生态环境系统间的相互作用机制，探索客观规律，揭示科学原理，指导社会实践。诚然，冷凉生态学的理论架构目前还处于非常初始的阶段，还需要通过深入的科学研究和生产实践不断地充实和发展，更需要各界专家学者以及广大基层生产实践者的刻苦钻研和积极探索。本书作者在 2013 年出版的专著《气流循环暨冷凉生态对农业的影响及利用》（北京，群众出版社）中，从六个方面探讨了冷凉生态资源的研发；在本书中作者又以几十年的亲身经历为案例，详细记述了生产实践过程中对冷凉蔬菜的思考。这些丰富的第一手资料为构建冷凉生态学理论体系提供了基础性的重要依据。实践表明，冷凉生态学揭示的科学原理必将对冷凉资源的开发利用产生深远影响，促进相关特色生态产业的升级发展。冷凉生态学已经初步体现出对传统生态学和现代生态学的传承与创新。

本书是作者 30 余年生产实践经验的系统总结，字里行间折射着作者的辩证思维带来的趣味与启示。气候冷凉、干旱少雨，夏季短暂、冬季漫长，传统观念认为不利于农作物生长，是"恶劣的自然条件"；然而辩证思考，气候冷凉、干旱少雨有利于冷凉蔬菜的生长，同样的自然条件变成了"优势的生态资源"。仔细阅读本书可以感受到作者契而不舍的探索精神和理论思考，大量的生产案例中紧密结合植物学、土壤学、气象学、蔬菜栽培学、植物营养学、植物保护学等基础理论知识。同时，作者以应用生态学理论和农业生态学理论为指导，灵活运用生物多样性原理、生态学原理、食物链原理、限制因子原理和生态因子综合性原理等，因地制宜、勇于探索，以追求最佳生态效益、经济效益和社会效益为目标，以整体生态调控为原则，以人与自然相互协调为基础，以设计并实施良性循环的生产技术方案为手段，最终实现农业可持续发展。

全面深化改革有力地加快了我国现代农业的进程。我们坚信，以创新、协调、绿色、开放、共享的发展理念为引领，冷凉生态学理论研究和冷凉生态资源的深度开发必将不断取得新的成果，冷凉蔬菜产业必将进入快速健康发展的新阶段。在广大冷凉地区，要科学合理地利用冷凉生态资源优势，大力发展品质型、效益型特色农业，积极开拓农民增收、精准扶贫的新途径，加快形成生产技术先进、经营规模适度、质量数量效益并重、一二三产业融合的现代农业新格局，为全面建成小康社会做出新的贡献。

中国农业科学院研究生院原副院长　陆庆光　博士/研究员

2016 年 12 月 4 日于北京

2016 年 8 月，中国农业科学院研究生院原副院长陆庆光博士/研究员与

夫人曹文台女士在中国·乌兰察布冷凉蔬菜院士工作站指导工作

前　言

新中国成立以来，中国蔬菜栽培学经过几十年的不断发展，通过无数专家学者的不懈努力，内涵得到了极大的丰富。目前已形成了比较完整的科学体系，为从事蔬菜种植的科技人员和农民朋友提供了理论依据，为解决生产中的实际问题提供了宝贵经验。

但是，蔬菜生产是一个多因素综合变化的过程，能否将理论知识和生产实践准确结合是每一个农业科技人员的技术能否得到发挥的关键。如果科技人员忽视生产实践中的复杂因素，片面实施某项原理或技术，在生产中不仅不会收到预期的效果，而且会起到相反的作用，解决不了蔬菜生产的问题。因此，科技人员要因地制宜，灵活应用科技知识，掌握其精神实质，才能在多变的环境中抓住主要矛盾解决问题。

本书详细记录了笔者 30 年来在生产实践中遇到的典型疑难问题及其解决过程，旨在为农业科技人员提供理论与实践相结合的借鉴素材，帮助科技人员把从书本上学到的理论知识更准确地应用于实践，特别是希望能够帮助理论知识比较丰富而实践经验比较欠缺的农业科技人员，使他们能够在实践中有新的发现和突破，为蔬菜种植不断提供新的技术，从而更好地指导生产。

科学知识源于生产实践。人们常常会从一个个具体的事件中得到启发，通过发散思维获得新的发现、新的发明。现在，由这些具体的事例得出的结论在当下对我们很有启示，未来，必将带来更加深刻的启发。本书共分 9 章，详细记载和阐述了笔者对北方冷凉蔬菜种植以及病虫害防治中的一些典型案例和有效做法，以期对冷凉蔬菜种植起到一定的技术指导作用。同时把这些事例作为历史材料保存下来，以便对今后的研究有所帮助。

本书介绍的冷凉蔬菜是指冷凉生态和冷凉气候条件下生产的蔬菜（内蒙古冷凉蔬菜主要分布在海拔 1 000 米以上，或北纬 40°以北，夏季平均温度不超过 25℃、昼夜温差保持在 15℃以上地区)。

冷凉生态环境中的温度、湿度、光照、风、土壤结构等环境因素,以及由此产生的植被、微生物、昆虫、动物等生物群体决定了蔬菜的产量和品质,基本规律是:该环境条件下的蔬菜产品具有生长速度慢、病虫害发生少、干物质积累高、营养成分含量高、安全优质的显著特点。

2008 年冷凉蔬菜概念首次提出,2010 年冷凉蔬菜被列入乌兰察布市"十二五"发展规划,2012 年在中国工程院院士方智远的主持下,在乌兰察布市建立了全国第一个冷凉蔬菜院士工作站,5 年来,围绕冷凉蔬菜开展了有效的工作。

2013 年由科技部组织召开冷凉生态农业论证会,后经内蒙古自治区人民政府推荐,被批准为科技部"十二五"支撑项目。2014 年内蒙古自治区科技厅批准内蒙古自治区农牧业科学院设立"内蒙古绿色冷凉蔬菜工程技术研究中心",2014 年、2015 年连续两年经内蒙古自治区党委组织部批准成立两个草原英才创新人才团队,2016 年"冷凉蔬菜科技创新与产业技术支撑体系构建研究报告"通过了以中国工程院方智远院士为组长的论证,对内蒙古自治区发展冷凉蔬菜给予了充分肯定和高度评价。

目前全国冷凉蔬菜主要有以蒙、晋、冀为主的高纬度、高海拔冷凉蔬菜、以云、贵、鄂为主的高山(高海拔)蔬菜、以陕、甘、宁为主的高原(高海拔)蔬菜等 3 个产业带,内蒙古自治区种植冷凉蔬菜具有独特的高纬度高海拔、气候冷凉、阳光充足、昼夜温差大等地理及生态特点,使内蒙古自治区冷凉蔬菜产业品质和安全优势更为突出。

2010 年全国冷凉蔬菜主要产区生产面积约为 2 290 万亩,总产量 4 500万吨左右,分别占全国总量的 10%和 9%。

内蒙古自治区有 70%的地区属于冷凉生态区,涉及人口 150 多万,占农业总产值 25%,主要分布在高寒、贫困地区,包括 8 个国家级贫困旗县,已成为当地农民增收的重要产业。2015 年内蒙古自治区冷凉蔬菜种植面积约 270 万亩,产量约 108 万吨,产值约 108 亿元,农民纯收入约 54 亿元,蔬菜种类主要包括辣椒、番茄、胡萝卜、洋葱、大葱、甘蓝、白菜、西芹、黄瓜、西葫芦、茄子、菜花等。近几年形成了以乌兰察布市和锡林浩特市为中心的胡萝卜、白菜、菜花、洋葱、甘蓝、西芹产业带,巴彦淖尔市的加工番茄和脱水椒产业带,通辽市的红干椒产业带等。

　　在本书的编写过程中，得到了许多专家、科技人员和农民朋友的帮助。感谢中国农业科学院蔬菜花卉研究所张志斌研究员对本书提出的宝贵意见；感谢中国农业科学院陆庆光研究员及夫人曹文台女士为本书的校对工作付出的辛勤劳动；同时感谢内蒙古锡林郭勒盟科学技术局、内蒙古自治区农牧业科学院蔬菜研究所、内蒙古锡林郭勒盟太仆寺旗教育科技局及内蒙古百斯特农业科技有限公司为本书的出版工作提供的大力支持。在书稿的构思、编撰过程中还得到了许许多多各行各业的朋友，特别是农民朋友们的热心帮助，在此一并向他们表示衷心的感谢！

　　我们的理论知识和实践经验毕竟十分有限，谬误之处在所难免，真诚希望亲爱的读者提出批评和指正。

关慧明

2016 年 11 月 16 日于乌兰察布

目　录

第一章　温室结构

高海拔、高纬度、风力大是我国北方地区的环境共性，尤其以内蒙古地区，特别是内蒙古自治区（简称内蒙古）乌兰察布市最为典型。内蒙古地区平均海拔 1 000 米以上，经度东起东经 126°04′，西至东经97°12′，横跨经度 28°52′，纬度南起北纬 37°24′，北至北纬 53°23′，纵占纬度 15°59′。冬春季节寒冷漫长，夏季凉爽短暂，属于农作物种植一季区。在 20 世纪 70 年代之前，这一地区冬春季节的蔬菜主要依靠全国统配，即从中原及我国南方采用长途运输供给。1970 年以后，内蒙古地区逐步开始发展温室蔬菜栽培。温室蔬菜栽培技术引入 40 多年来，温室性能由低到高逐步提升，普及范围由典型示范到全区普及逐渐发展。

20 世纪 70 年代，内蒙古地区温室建设受农村经济水平和建造技术水平限制，温室前屋面角度仅 20 多度，多采用石头作为墙体材料，草席作为保温层，此类温室在春、夏、秋季可生产绿叶菜，冬季无法生产。20 世纪 80 年代，随着农村生产水平的不断发展，温室的建造技术有了较大幅度提升，前屋面角度增加至 30 多度，墙体也开始采用砖墙结构，以棉被取代草席，获得了更好的保温效果，温室的功能有了新的拓展，不再仅局限于春、夏、秋季生产叶菜类作物，实现了在春、夏、秋季生产茄果类作物，并且在冬季加温条件下，还可以生产绿叶类蔬菜的技术突破。21 世纪以来，我国经济社会持续蓬勃发展，人民生活水平进一步提高，市场需要高质量、多品种蔬菜的全年充分供给，倒逼内蒙古温室建造技术及作物栽培技术更上一层楼，温室蔬菜全面实现了四季生产。尤为可喜的是，内蒙古地区取得了在冬季无需依赖加温设备的情况下，仍能进行茄果类作物生产的重大突破，进一步释放了冷凉蔬菜的市场竞争优势。21 世纪以来温室的主要技术创新为：温室前屋面角度上调至 47°～48°，除砖墙、钢架结构之外，还引入了双层棉被保温，新型保温材料及排风机等。

在温室建造及温室栽培技术 40 多年的发展过程中，针对北方地区冬春季风大、雪多、低温等重大生产制约问题，以温室结构调整为技术核心，不断地总结经验，应用新材料，持续优化升级温室构造，实现温室不断更新换代。温室普及范围也在逐步扩大，由发展初期仅在内蒙古呼和浩特地区小范围应用到如今蔬菜温室周年生产技术在全自治区的普及，并且在呼和浩特、乌兰察布、赤峰等地建立了极具活力的技术研发和示范基地，蔬菜温室彰显了旺盛的发展潜力。蔬菜温室建设在服务三农，推动区域蔬菜产业发展，带动农民脱贫致富以及解决冬春季节市场对蔬菜瓜果的供给需求等方面作出了重要贡献。

第一节　北方地区温室大棚的建造

内蒙古地区的气候特征主要是风大、寒冷、干旱，尤其是乌兰察布的很多旗县区，每年风灾、冻灾、旱灾都时有发生。在当地建温室、大棚，就必须充分考虑风雪压力和保温性能这两个问题。

一、温室大棚与地面固定连接必须保持合理结构

历史上，由于乌兰察布地区温室建设起步晚，人们缺乏对风这一气候条件的准确认识，在温室结构设计及实际施工上采用了一系列错误方法，造成了很大的损失。一个典型的案例是：

2009 年，乌兰察布市卓资县巴彦锡勒镇建设了 40 座日光温室。同年 6 月，遭遇一场 5 级大风，巴彦锡勒镇十几座温室大棚像一只只风筝随风整体飘移了近 100 米，温室整体结构扭折损坏，变成了一堆废墟，农民损失惨重。

笔者在实地勘察时发现，该地在建设大棚时选用了 8 号铁丝（铁丝直径 4 毫米）做大棚的压膜线，铁丝的两端固定在大棚前缘的横拉杆上。横拉杆全长 40～50 米，在地面将温室大棚的所有花架底端连接到一起，在横拉杆的地下每隔 5 米埋有一根长 40 厘米、直径 30 厘米的水泥柱，水泥柱与横拉杆焊接在一起。当大风到来时，棚膜形成巨大的上升力，使大棚带着所有的水泥柱飘移起来，这说明地下预埋的水泥柱对温室大棚的牵引力

远远不够。特别是压膜线的两端固定在大棚钢架结构上，没有和地面进行连接，不能使风力得到有效地分解，在风力作用下温室大棚结构变成了"风筝"结构。如果将压膜线的两端脱离大棚的横拉杆固定于地面，这就会使温室结构受力点发生变化：当遇到大风天气，温室的压膜线对塑料膜的固定力都被分解到地表，而不是全部作用于大棚本身，即使温室大棚受到损坏，也仅仅只造成压膜线和塑料膜受损，钢架结构不会被损坏。把压膜线的两端固定于地面，同时地面以下要形成一个稳定的拉力结构，这样才能有效地抵抗风害。

一个成功的案例是：乌兰察布市察右中旗在建设温室大棚时，为保证压膜线和大棚架的分离，压膜线被固定在大棚两侧的土壤里面，在地下50厘米深处埋一根横切面边长20厘米，长50～100米的水泥梁，水泥梁上装有预埋件，并在水泥梁距地面30厘米的地方浇水培土压实，将压膜线固定到预埋件上，形成了大棚压膜线和地面的紧密结合，保证了压膜线和大棚架的分离。

适应北方地区气候条件的"朵蓝温室"见图1-1、图1-2、图1-3。

图1-1 适应北方地区气候条件的大角度、双层

覆盖的高寒越冬温室——"朵蓝温室"（摄影 张日高[①]）

---

① 张日高先生是乌兰察布市本土的优秀摄影师，为本书的插图拍摄制作付出了辛勤的劳动，特此致谢。

图1-2 "朵蓝温室"采用双层保温技术和热风炉技术

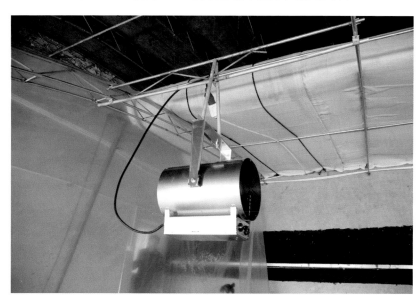

图1-3 温室热风炉结构图

二、温室大棚建设材料必须适应北方地区气候条件

乌兰察布地区温室建造走入的另一个误区是低估了降雪对大棚结构造成的压力，材料选择不当造成损失。一个典型案例是：

2010 年春，乌兰察布市察右中旗出现大风天气，温室大棚没有被吹移，塑料膜也没有被破坏，但是温室钢架却在强大的力量下扭曲弯折，趴到了地面上。人们对风雪给钢架造成的压力认识不到位，在建设时虽然将大棚非常牢固地固定在了地面上，但钢架本身的承受力还达不到要求。笔者发现，钢架的规格并不是原设计中 2.2 毫米厚的 6 分管，而是 1.5 毫米厚的 4 分管，大棚垮塌是施工质量未达到使用要求造成的。因此，北方地区在建设温室大棚时，温室骨架结构的材料要选用适应本地区气候的管材，设计合理、施工材料符合标准，才能建设出适合北方地区的温室大棚。

从笔者调查情况来看，北方地区温室大棚骨架在材料选用上存在的普遍问题主要有两个方面：一是钢架结构中使用的钢材不合格，在风雪等压力下出现变形、坍塌；二是在温室大棚结构材料选用上，照搬了南方的做法，使用水泥杆、竹竿等，没有考虑这些材料在北方高寒干旱地区与南方温暖湿润环境表现是不同的。如：竹竿在山东地区可以使用 6 年以上，在内蒙古使用 1 年多竹竿就出现断裂，不能再使用。这是由于竹结构不适宜在干燥的环境下使用。

乌兰察布地区由于气候温差大，引起材料变形的因素比较多，所以复合材料要进行试验后再用，不能盲目引进。

三、温室大棚后墙结构必须合理

温室的后墙结构是高寒地区保证温室性能的重要基础。一般来说，高寒地区主要以砖体和土墙结构为主。但在砖体结构中同样发生了一些结构强度不足的问题。

1. "夹心墙"的离鼓坍塌问题

为了提高温室后墙的保温程度，很多温室采用烧结砖作为温室的后墙材料，并且建设时采取"夹心墙"的方法。

所谓夹心墙，即在两层砖中间加入保温材料，如珍珠岩、蛭石、锯末、土等，夹心墙的内外双层墙体之间必须用钢筋做充分的连接。然而，很多人认为夹心材料不吸水、比较轻、对墙体横向压力较小，于是没有充分地进行墙体间的结构性连接，导致"夹心墙"使用 1～2 年就发生了离鼓坍塌。这主要是因为"夹心墙"的填充物在秋季进水以后经过反复热胀冷缩，挤压墙体变形而造成了坍塌。

2. 砖墙后培土不当造成坍塌

温室建造时，为了增加保温性能，通常会在烧结砖墙体外侧培土。培土高度过高会给后墙体产生很大推力，容易造成坍塌，但高度太低又无法起到保温的效果。有效的方法是在后墙高度的三分之二处用钢筋从温室后墙向外侧地面增加牵引，才能保持后墙的建造强度，不会发生坍塌。

3. 土墙结构松弛发生坍塌

温室土墙结构是指温室后墙用土堆成底部宽 2 米、顶部宽 1 米的梯形，形成一体的温室墙体与后墙培土结构。温室土墙结构存在的问题主要有两个方面：一是由于堆土的紧实度不足，较易造成坍塌。紧实度是土墙温室能否保温的关键，要求容重必须达到每立方厘米 1.6～1.7 克，低于这一标准就容易发生坍塌。二是由于土质选择出现问题，沙性和黏性比例不合适，结构力不强，造成整体的裂缝和坍塌。在土质的选择上要把握：一是土的含盐量须达到 10% 以上，如果盐分不足 10%，就需要补充白灰；二是合理选择土壤类型，要求土的沙粒和黏粒各占 50% 左右，如果达不到或超出上述范围，都会造成后墙坍塌。

温室后墙结构未来的发展方向应该是两层相加，即内层吸热外层保温，超薄保暖，这样才能使墙体更坚固，同时能达到良好的保暖效果。

四、温室大棚通风结构必须合理

通风是解决温室湿度大、温度过高、新鲜空气不足的一个重要方法。北方地区的温室建设在通风口的设计上主要有两个矛盾：一是加大通风量和温室保温之间的矛盾。在冬季，温室环境二氧化碳不足需要加大通风量，但加大通风量会造成温室内大幅度降温。二是春季和夏季仅使用后墙通风口不能完全排出湿气降低温度，需要在温室前屋面加开通风口或卷起塑料膜形成空气对流。但北方地区春季及夏初季节普遍多风，温室空气对流非常容易引起风灾。

因此，温室的通风口设计需要注意以下几个事项：一是温室后墙通风口必须采用带弯头的烟囱式风口，避免因直接通风而造成温室温度下降。二是通风口的面积和数量、通风口离地面的高度要按照标准设计。温室后墙的通风面积要保持在后墙面积的 1% 以上。三是在春夏季的大风天，要进行恰当的温室通风。建设时，在温室前屋面地表用管道加设温室内外的通风孔，温室后墙通风口加设排风扇。在大风晴天时，用塑料膜将温室密闭，把温室前屋面的通风孔和后墙的排风扇打开（也可以在后墙出风的烟囱上加风力抽风机），这样既可形成风的流通，又不会形成风灾。

冷热气流循环自动控制设备见图1-4、图1-5、图1-6。

图1-4 温室冷热气流循环控制设备　　图1-5 温室冷热气流循环控制
　　　　　　　　　　　　　　　　　　　　设备行间管道铺设情况

图1-6 温室冷热气流循环控制设备使用情况

五、温室的下卧

温室下卧既可以增加温室的热容量又可以阻断温室热量通过地表向外传递，这是北方地区温室冬季保暖的一个重要手段。一般来讲，温室需要下卧40厘米左右。笔者尝试将温室下卧1米，使温室冬季的保暖性能得到进一步提高。具体的做法是：将原靠近温室后墙的过道改在温室南面，温室北面全部改为栽培床，以增加栽培面积。但是，这种方法虽然提高了温室温度，却存在两个缺陷：①在冬至前后，温室前墙的遮阴达到2～2.5米时，温室在冬季育苗的面积会大大缩小。②靠温室北面全部成为栽培床以后，通风效果会明显减小，致使后排作物在春季和夏季生产中产量减少。所以，这种深下卧的温室必须保持后墙的双排通风，即在后墙体上设置两排通风孔，后墙的地表上也设置通风孔，这样才能提高通风效果。

温室下卧未来的发展方向应该是深度下卧，整体栽培，把后墙也变成栽培面，扩大栽培面积。目前最理想的是根据不同地区的不同情况进行下卧的调整，然后逐步实现自动调整。

六、温室的卷帘机

近年来，大棚卷帘机被广泛地应用到北方地区温室蔬菜生产中，常见的有后墙固定式和棚面自走式两种。受设计水平、制造能力等因素限制，卷帘机在实际使用中依然存在许多问题，主要有以下3个方面：

1. 卷帘机固定不稳

由于北方地区大风天气较多，卷帘机白天卷到温室顶部后经常被风从温室顶端刮到温室后坡，这需要投入众多的劳动力抢时间进行重新安置，给生产造成很大的麻烦，特别是规模化生产单位。因此，要解决这个问题，应在温室的后坡每隔5～10米给卷帘机做一个支撑架，使卷帘机即使遇到风天也不会向后跌落。

2. 棉被发生横向侧移

在生产上我们不难看到，卷帘机在卷帘过程中，棉被会发生东西向的整体偏移，经过3～5次偏移以后，就需要重新安置卷帘机和棉被。产生这种现象的主要原因是卷帘机的起点不平，这就表明温室棚膜表面不平整，温室基础横向不在同一水平线，所以卷帘机在卷帘过程中发生倾斜。在实际温室建设中，应保证温室的南墙东西向水平，温室的顶部，也就是卷帘机卷杆的起点和落点东西向水平，棉被才不会横向侧移。未来，卷帘机的发展方向应实现双侧卷帘及大棚通风自动化。

3.棉被下边缘结冰

冬季的夜间，棉被下边缘与地面接触后通常会结冰变硬，不仅降低了夜间棚内温度，也会使清晨起棉帘变得十分困难，甚至对卷帘机造成损坏。解决的办法是在温室前坡下边做一个30～50厘米的棉被裙，棉被裙固定在地面上，棉被放下来时放在棉被裙上不与地面接触，以避免结冰现象。

七、温室前屋面角度小造成的危害

在冬季降雪比较大的年份，大跨度温室大棚棚面较为平缓，降雪不能顺利滑向地面，大棚承受雪的面积太大，普遍出现了温室坍塌，造成了很大的损失，这种现象在北方高纬度高海拔地区十分普遍。同时，大跨度小角度温室会影响阳光射入，温室温度上升缓慢且总体偏低，严重影响冬季生产。一个典型的例子是：乌兰察布市卓资县十八台镇草莓冬季生产困难事件。

2010年，乌兰察布市卓资县十八台镇建立了400亩（1亩≈666.7平方米，1公顷＝15亩，全书同）冬季温室草莓基地。该草莓基地温室采用了9～15米的大跨度设计，前屋面角度较小，2010年12月至次年2月，温室内温度经常降到－3℃左右，温室内栽培的草莓不能正常生长或者死亡。乌兰察布地处北纬41°，温室的前屋面角度至少应达到40°，跨度不超过8米，才能有效地提高温度，抵抗风雪压力。而草莓基地的温室建设上采用了大跨度小角度的中原地区温室结构，设计不符合乌兰察布地区高海拔高纬度需要小跨度大角度的温室建设原则，导致生产上的失败。

另一个例子是定植时间的选择不同影响温室冬季生产。2008年，乌兰察布市丰镇市巨宝庄乡新建了几座温室，温室采用跨度11米、高度3.5米的结构，于同年10月开始定植彩椒。和卓资县十八台镇的情况一样，这种温室结构也存在两个问题：一是由于彩椒定植时间晚，到11月当温室内温度降到0℃时，彩椒幼苗就不能再生长了。二是即便是非常好的温室结构，在乌兰察布地区，也必须在8月1日之前进行定植，在元旦之前才能形成果实。由于当时人们对这种温室结构缺乏正确的认识，因此该温室内的作物在11月20日遭遇低温冻死。

八、温室结构的改造

大量事实证明，在北方地区，对温室结构进行小跨度大角度改造是有利于冬季温室生产的。温室结构改造的好处是：

（1）将温室的前屋面角度提高 10°，从 35° 提高到 46° 左右，使白天阳光的入射率增加，温室温度升高明显。

（2）加强保温：温室保温主要依靠棉被覆盖加上塑料覆膜，改造后的温室采用一层棉被覆盖或二层薄棉被覆盖。

（3）温室后墙厚培土加强了蓄热性和保暖性。一是使温室的温度在冬季最寒冷的天气依然能够保持在 8℃ 以上。二是使用二氧化碳发生器技术，以提高温室温度。通过二氧化碳发生器把温室内的二氧化碳浓度提高到 2 000 毫克/升，显著提高了作物光合作用能力，使作物在 5～6 个小时的光合作用时间内能够制造出 10 个小时的养分，以维持正常的开花结果。

对温室的改造试验在乌兰察布市的财政温室基地、霸王河温室基地获得成功，试验温室在春节期间 1 亩地可产黄瓜、番茄 5 000 千克，每千克批发价格 7 元，种一茬茄果类蔬菜和正常的绿叶菜相比能多收入 1 万～2 万元。

温室内外相关情况见图 1—7、图 1—8、图 1—9、图 1—10。

图 1—7　2015 年冬季温室室外温度－33℃

2015年12月2日，乌兰察布市气温降至−11℃，采用双层保温结构及热风炉设备的朵蓝温室室内温度达到12.9℃。

图1—8　采用双层保温技术、热风炉技术的温室室内
温度达到 12.9℃

图1—9　2015 年 12 月 5 日，在乌兰察布市霸王河村
越冬蔬菜温室，农民正在移栽春节上市的蔬菜

图 1—10 2016 年 1 月 23 日关慧明在呼和浩特市清水河县越冬温室现场培训

第二节 北方地区温室大棚结构图

北方地区温室大棚结构图见图 1—11 至图 1—15。

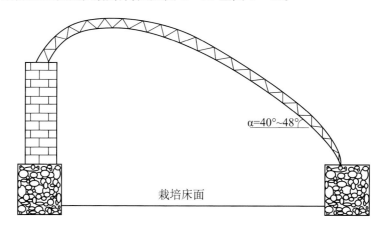

栽培床面

α=40°~48°

主要技术参数：

1.脊高3.5~4.5米，跨度7~8米，温室前后排间距12米。

2.后墙高2.5~3.5米，后墙厚度37厘米，外侧10厘米厚保温板或培土封顶1米厚，并边培土边压实。封顶后后墙和后培土形成一体出水。

3.入射角α=40°~48°

特点：

1.冬季可保持5℃以上，可越冬生产。

2.结构稳定。

图 1—11 温室侧面图

单位（毫米）

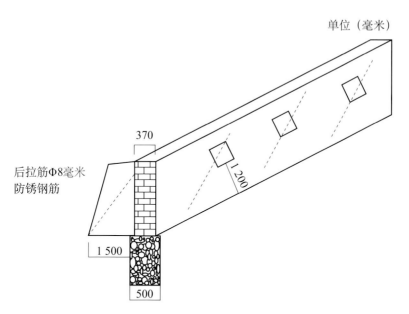

后拉筋Φ8毫米
防锈钢筋

370

1 200

1 500

500

1.后墙每5~7米做烟囱式通风口1个，面积40厘米×40厘米。

2.后拉筋是指从后墙高1.8~2.0米处向后墙外地面安装固定温室后墙的拉筋，横向每隔5米一根，上端和温室后墙预埋件固定，下端和地下预埋件固定。

3.下卧做基础用石砌或水泥框架。

4.后墙高2.2米，厚37厘米，培土下部宽1.5米，收口1米。

5.后墙基础宽50厘米，深130厘米，其中30厘米在栽培床以下。

6.后墙可采用砖、砌块混合结构：每6米一个50厘米砖垛，砖垛之间用砌块，砌块中添加蓄热液。

图1-12 温室后墙示意图

单位：米

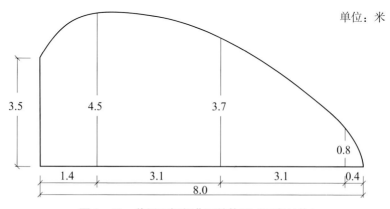

图1-13 前屋面钢架曲面结构图（三段结构）

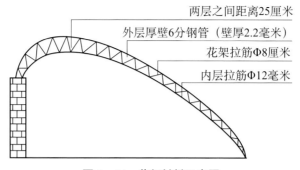

两层之间距离25厘米
外层厚壁6分钢管（壁厚2.2毫米）
花架拉筋Φ8厘米
内层拉筋Φ12毫米

图1—14 花架材料示意图

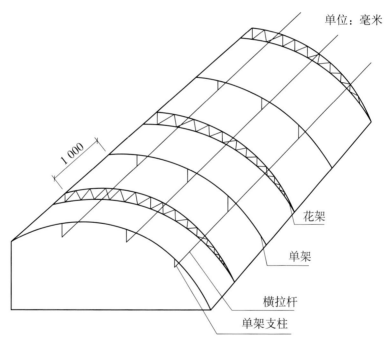

单位：毫米

1 000

花架

单架

横拉杆

单架支柱

图1—15 棚架连接示意图

第二章　茬口安排

温室每年可以种几季、每一季能够种什么，取决于温室的结构和性能。常见的温室分为两类，第一类温室是指在 1 月中旬温室内温度可保持在 0～3℃的温室；第二类温室是指在 1 月中旬温室内温度可达到 8℃以上的温室，其特点是前屋面角度非常大、保温性能非常强。

第一节　第一类温室蔬菜茬口安排

一、第一类温室种植情况

第一类温室目前在北方地区推广较为普遍。通常，这类温室一年可以种两茬茄果类蔬菜，换茬中间可以种两茬绿叶菜。

例如，2007 年 10 月 20 日，笔者在呼和浩特市赛罕区合林村探访菜农们新建立的一些温室。发现这里的温室建设结构不够理想：虽然温室外部加装了棉帘，但是温室前屋面角度过小，仅仅 20°左右，而且前后跨度过大，约 9 米。在内蒙古地区，这种小角度大跨度型温室在每年 12 月 20 日至次年 1 月 20 日期间，室内温度一般为 0～5℃。这样的温度条件下，茄果类作物冬季是不会正常生长的。（这一推断依据内蒙古地区的冬季气候条件。）在内蒙古，冬季一般每天有效的光照时间大约只有 5 小时。因此，即使温度适宜，如果温室内不增施二氧化碳，茄果类作物结果是非常困难的。例如，在乌兰察布地区，即使温度条件充分，冬季收获的蔬菜定植最晚不能超过 8 月 20 日，这样才能在低温来临前，蔬菜营养体生长充足，果实能长到 50％，进入后熟阶段，到了 12 月份果实能够完全成熟。但是，如果选择在 10 月末至 11 月初定植蔬菜苗就不符合规律了。有些种植户为了迎合元旦至春节期间价格较高的市场行情，不按蔬菜的生长规律定植，尽量的推迟定植期，结果就造成蔬菜的大幅度减产。当时，合林村的一些农户不愿采纳笔者在8月10日定植的建议，坚决要在10月末至11月初栽种温室蔬菜。当春节后再去探访，只见栽种的植株没有结出任何果实，农民损失很大。这件事使笔者联想到乌兰察布市丰镇市巨宝庄乡的温室冬季种植彩椒的事例。巨宝庄乡温室的结构也是小角度大跨度，尽管保温性能很好，但是笔者预计这种温室冬季种彩椒效果不会很好，果实不会成熟。9月末种植户开始移栽彩椒苗，笔者提出了反对意见，不赞同他们种植。可当时温室负责技术管理的一名山东籍技术员给农民拍胸脯说，他能保证温室的产量。结果未出笔者所料，到了11月20日所有的彩椒苗全部冻死。原因很明显，就是因为推迟了彩椒苗的定植时间。

二、第一类温室茬口安排建议

经过笔者长期实践总结，较为合理的茬口安排时间是：

12月20日至1月1日开始进行黄瓜育苗，苗期50天；2月20日，在温室中扣小拱棚进行黄瓜苗定植。此时，定植黄瓜苗要求土壤5厘米深处温度达到10℃以上，且连续晴天。这茬黄瓜，一般在4月初开始上市，如果栽培技术好、病虫害防治好，销售可以持续到7月末至8月初。

第一茬黄瓜结束后，按照常规可进行秋茬番茄或黄瓜的栽培。秋茬番茄须在6月中上旬开始育苗，即第一茬黄瓜没有收获前就开始育苗，夏季育苗采用露地搭小拱棚即可。在夏季，黄瓜幼苗苗龄很短，通常只需一个月时间就可以生长到3~4个大叶片，这时就可以进行栽植。这茬苗一定要在8月上旬栽入温室，如果育苗期延误或者栽植时间延误，不能保证果实在11月成熟，就会导致茬口失败。所谓茬口失败是指秧苗生长良好，果实还未成熟，此时温室夜间温度低于8℃，果实无法生长。因此，第一类温室在8月20日之前定植秋茬番茄就能保证在11月初果实成熟上市销售。在10月中旬番茄果实即将成熟时，可以将番茄下部的老叶打掉，在番茄的行间播种油菜、菠菜等绿叶菜，当番茄采摘的时候，油菜苗和菠菜苗就能长到1寸（1寸≈0.033米）高，第一茬绿叶菜在元旦左右就可以采收了。

　　秋茬番茄采收之后，距离 2 月 20 日第一茬黄瓜定植还有 70 天时间，充分利用这个时间，可以再种一茬绿叶菜。但这茬绿叶菜也要提前育苗，因为这个阶段温度低，作物生长慢，需在 11 月就提前育油菜、菠菜、芥菜苗等，在元旦前第一茬绿叶菜采收之后，把大苗栽入，这样就可以穿插一茬绿叶菜。

三、第一类温室茄果类蔬菜种植注意事项

　　由于第一类温室冬季时棚内温度偏低，种植茄果类蔬菜需要特别注意。第一类温室对春秋两茬茄果类蔬菜的栽培要求是：

　　春季不能过早，温室土壤温度必须达到 8℃；秋季不能过晚，不能晚于 8 月 20 日。如果春季过早，会出现死苗；秋季过晚，会导致苗发育不成熟。参照两茬茄果类蔬菜茬口时间，可以根据生产的需求，适当进行调整。例如，春季生产番茄，秋季生产黄瓜等。

图 2—1　呼和浩特市 8 月下旬定植的秋茬黄瓜

第二节　第二类温室蔬菜茬口安排

第二类温室由于其前屋面角度非常大，保温性能非常强，因此在1月中旬温室内温度可达到8℃以上。这类温室与第一类温室的定植时间不同，冬季主要进行瓜果类蔬菜生产。因此，在春节和元旦之间，第二类温室生产的黄瓜和番茄可以上市，且市场价格非常高。

以番茄为例，如果要保证在春节期间上市，番茄要在8月育苗，9月的中下旬进行定植，留5层果，番茄就可以在元旦到春节期间陆续上市。如果种植黄瓜，要在10月中旬播种、育苗，春节前40~50天种植，即11月中下旬定植，这样才能在元旦到春节期间达到盛瓜期。如果种植过早，没到春节，黄瓜就会被采收完毕；种植过晚，春节期间便结不出黄瓜。主茬番茄和黄瓜可以生长到3月1日前，之后可以接着再种茄果类蔬菜。例如，主茬种了番茄，第二茬就可以种黄瓜；主茬种的是黄瓜，下一茬就可以开始倒茬种植番茄、辣椒等。

3月种植茄果类蔬菜需要提前50天开始育苗。夏季育苗只要1个月，但冬季蔬菜育苗则需要50天，这样才能保证温室周年进行茄果类蔬菜生产。3月种植的茄果类蔬菜在6—7月采收完毕，换茬期间正好是夏季，利用夏季两三个月的时间，可以穿插种植一茬黄瓜。例如，3月种番茄，8月采收；8月种黄瓜，10月采收完。也就是说，番茄、黄瓜、辣椒不断地交替种植，两个月的时间可以穿插一茬黄瓜，3个月的时间可以穿插一茬番茄，这是较合理的倒茬种植方法。如果刚种完一茬黄瓜，来不及种番茄，还种黄瓜的话，就会发生重茬。正确的茬口安排是：利用两个月的时间，采取矮化密植的方法种番茄，只留下两到三层果，加大栽培密度，每亩地栽4 000株苗，可以获得一小茬番茄的收成，然后再轮作倒茬，又会有一定的收入。

北方高寒地区温室蔬菜茬口安排见表2—1。

表2—1　北方高寒地区温室蔬菜茬口安排

分　类	第一类温室	1月中旬温室温度：0~3℃
	第二类温室	1月中旬温室温度：8℃以上

（续表）

第一类温室	第一茬黄瓜	育苗	12月20日至1月1日				
		定植	2月20日				
		条件	小拱棚定植，土壤5厘米处土温10℃，连续晴天				
		上市时间	4月初至7月末、8月初				
	第二茬番茄	育苗	6月中上旬				
		定植	8月上旬（8月20日前）				
		条件	露地小拱棚育苗				
		上市时间	11月初至12月初				
	第三茬绿叶菜	育苗	9月中下旬				
		定植	10月中旬				
		条件	打掉番茄下部老叶后种植				
		上市时间	元旦前后				
	第四茬绿叶菜	育苗	11月				
		定植	元旦前后				
		条件	提前育苗，定植大苗				
		上市时间	2月20日				
第二类温室	第一茬番茄	育苗	8月	第一茬黄瓜	育苗	10月中旬	
		定植	9月中下旬		定植	11月中下旬	
		条件	留5层果		条件	种植不宜太早也不宜过晚	
		上市时间	元旦到春节期间		上市时间	元旦到春节期间	
	第二茬茄果类蔬菜	育苗	1月中下旬				
		定植	3月				
		条件	育苗50天				
		上市时间	6月初至7月底				
	第三茬黄瓜	育苗	7月初	第三茬番茄	育苗	7月初	
		定植	8月初		定植	8月初	
		条件	密植		条件	矮化密植，留两到三层果，亩栽4 000株	
		上市时间	9月中下旬		上市时间	9月中下旬	

第三节　温室的矮化密植

　　这两类温室的茬口安排当然不仅仅限于以上两种，在栽培技术好的条件下，一年可以种两大茬作物。例如，8月定植，到来年5月可以种一大茬番茄；来年 5 月到秋天可以种一大茬黄瓜，这就需要提高管理水平。

在种植技术上，采用矮化密植的办法能够实现温室一年种 4 茬茄果类蔬菜。所谓矮化密植，矮化是指番茄、黄瓜的植株都修剪得很矮，但是种植密度很大；混种是指在同一个棚里番茄、黄瓜、绿叶菜等不同种类的蔬菜在同一个畦子里进行混种。

矮化密植具体的操作方法是：

将每一茬番茄、黄瓜都采用矮化密植的方法来种植，番茄留 3 层果，黄瓜留到 1 米高，结出 10 条瓜就全部摘掉。

这样的种植方式有两个好处：一是能够大大减轻病虫害。虽然多栽了一茬苗，但是防病比较简单，在病虫害没有大规模发生时采收就结束了，实现了绿色无污染生产，特别是开展有机种植的基地，要多使用矮化混种的方式。二是通过多茬口、短生长期的种植，可以保持土壤微生物的平衡，减轻土传病害，对土壤的改良有很大的益处。

温室蔬菜矮化密植有机栽培技术见图 2－2。

图 2－2　温室黄瓜的矮化密植栽培技术

第三章 冷凉地区主栽蔬菜新品种简介

近年来，北方地区设施蔬菜面积发展迅速，栽培作物由早期单一种植大白菜、油菜、甜菜等逐步发展到黄瓜、番茄、辣椒、茄子、甘蓝等多种蔬菜，栽培品种经过逐年试验，已经筛选出多个适宜北方高寒地区气候条件的蔬菜品种和配套栽培技术，为北方地区蔬菜产业发展奠定了坚实的产业基础。中国·乌兰察布冷凉蔬菜院士工作站自 2012 年成立以来，与中国农科院蔬菜花卉研究所、北京市农科院蔬菜研究所及内蒙古农科院密切合作，积极引进示范甘蓝、洋葱、胡萝卜、西芹等 8 个蔬菜种类的新品种、新技术、新材料近 500 多个，筛选出中甘 101、中甘 21、胡萝卜 H1107、胡萝卜 H1108、洋葱"红绣球"等新品种，创造了中甘 21 亩产 6 000 千克的全国最高纪录，推广新品种、新技术推广面积达到 30 万亩，3 年来累计增效达到 1.35 亿元。

现将中国·乌兰察布冷凉蔬菜院士工作站筛选的适宜北方地区种植的新品种进行简要介绍，以期对从事蔬菜种植的人员特别是农业技术人员提供一定参考。

一、番茄

1. 中杂 109

品种特性：中杂 109 为无限生长类型鲜食番茄，幼果无果肩、成熟果实粉红色，果实近圆形，平均单果重 200 克以上；厚皮、果实硬度高，耐贮运；果实整齐，商品率高；高抗 TMV（烟草花叶病毒），抗叶霉病、枯萎病；大棚种植亩产可达 8 000 千克（图 3—1）。

2. 金海丰 20

品种特性：无限生长粉红色大果番茄。果实萼片美观，果形近圆，硬度高，单果重约 250 克。果实大小均匀，颜色亮丽，耐储运。对番茄黄化曲叶病毒（TY）、番茄花叶病毒病和叶霉病有抗性（图 3—2）。

图 3—1 番茄品种——中杂 109

图 3—2 番茄品种——金海丰 20

3. 樱桃番茄

品种特性：樱桃番茄根系发达，再生能力强，侧根发生多，大部分分布于土表 30 厘米的土层内；植株生长强健植株生长速度快、茂盛，株高可达 2 米以上；花序主要为单总状，或偶有呈分枝的复总状花序，花数较少，一般 5～6 朵，花萼、花瓣几乎等长，子房球形，柱头短或与雄蕊等长，果实球形、鲜艳，有红、黄等果色，2 心室，偶有 3 心室。果实光滑，种子心脏形，有绒毛。樱桃番茄抗性强，是抗病育种的原始材料（图3－3）。

图3－3　番茄品种——樱桃番茄

4. 莎莉番茄

品种特性：莎莉番茄是杂交一代樱桃番茄，植株生长强健植株生长速度快，长势茂盛，属无限生长型；果实短椭圆形，成熟果鲜艳橙黄色，单果重18克左右，口感特别好、风味独特、品质极佳，果皮薄、软、韧性好，耐裂耐贮运；抗病性强，露地、保护地均可栽培（图3－4）。

图3－4　番茄品种——莎莉番茄

二、辣椒

1. 航椒3号

品种特性：航椒3号为长羊角形，极早熟，定植至青熟果采收45天左右，长势强健。果实浅绿色，果面光滑，果肩皱，果长 29 厘米左右，果肩宽 2.3 厘米，单果重 30～40 克，辣味强，品质优良，商品性好（图 3－5）。耐低温、弱光、高湿及高温干旱，适应性广，亩产 5 000 千克左右。保护地、露地栽培均可，尤其适宜保护地种植。抗病毒病、白粉病、炭疽病，耐疫病。维生素 C 的含量为 162 毫克/100 克。

图 3－5　辣椒品种——航椒 3 号

2. 中椒 108

品种特性：中椒 108 属中熟品种，果实方灯笼形，果纵径约 11 厘米，横径约 9 厘米，4 心室率高，果面光滑，果色绿，单果重 180 克左右，肉厚 0.6 厘米（图 3－6）。果实商品性好，耐贮运，抗病毒病。亩产 3 500～4 500 千克。

图 3－6　辣椒品种——中椒 108

三、甘蓝

1. 中甘 21

品种特性：中甘 21 是中国农业科学院方智远院士团队利用甘蓝显性雄性不育技术选育而成的高纯度、优质、早熟春甘蓝新品种，该品种整齐度高，杂交率为 100%。球叶色绿，叶质脆嫩，品质优良，圆球形，球形外观美观，不易裂球（图 3—7）。冬性强，耐先期抽薹，抗干烧心病。单球重约 1 千克，定植到收获 50～55 天，亩产可达 3 500 千克左右。中甘 21 获得国家科技进步二等奖。

图 3—7　甘蓝品种——中甘 21

2011 年，乌兰察布市冷凉蔬菜院士工作站引进中甘 21，2014 年开始示范推广，2015 年院士工作站创造了中甘 21 亩产 6 000 千克的全国最高纪录。目前，中甘 21 推广面积达到 6 万亩，每亩纯收入达 3 000 元，比其他甘蓝品种增收 1 000 元，获得经济效益 6 000 万元。

2. 甘蓝 15 早-1

品种特性：甘蓝 15 早-1 是方智远院士团队用雄性不育系配制的早熟秋甘蓝一代杂种，经过乌兰察布市冷凉蔬菜院士工作站的筛选，2016 年已完成蔬菜新品种审定登记，是乌兰察布三大蔬菜品种自主知识产权之一。该品种整齐度高，杂交率达 100%。株形较直立，植株开展度 50～155 厘米，外叶数约 10 片；球叶色绿，圆球形，紧实，耐裂球，中心柱短，约 6 厘米（图 3—8）。耐热性强，抗枯萎病，单球重约 1.0 千克，早熟，从定植到收获约 55 天，亩产 3 500 千克左右。

图 3－8　甘蓝品种——甘蓝 15 早- 1

3. 甘蓝 15 早-2

品种特性：甘蓝 15 早-2 是方智远院士团队用雄性不育系配置的早熟秋甘蓝一代杂种，经过乌兰察布市冷凉蔬菜院士工作站的筛选，2016 年已完成蔬菜新品种审定登记，是乌兰察布三大蔬菜品种自主知识产权之一。该品种整齐度高，杂交率高达 100%。株形较直立，植株开展度 50～55 厘米，外叶数约 10 片；球色亮绿，圆球形，紧实，耐裂球，中心柱短，约 6 厘米。耐热性强，抗枯萎病，单球重约 0.9 千克，早熟，从定植到收获约 55 天，亩产 3 300 千克左右。（图 3－9）

图 3－9　甘蓝品种——甘蓝 15 早-2

4. 中甘-628

品种特性：中甘-628 是方智远院士团队用雄性不育系配制的早熟春甘蓝一代杂种，经过乌兰察布市冷凉蔬菜院士工作站的筛选，2016 年已完成蔬菜新品种审定登记，是乌兰察布三大蔬菜品种自主知识产权之一。该品种开展度 45～50 厘米，外叶 13～16 片，叶色绿，叶面蜡粉少，叶球紧实，近圆球形，单球重约 1.0 千克，不易裂球，品质优良（图 3－10）。冬性较强，不易未熟抽薹。定植到商品成熟 50 天左右，亩产可达 3 500 千克。

图 3－10　甘蓝品种——中甘-628

四、芹菜

1. 文图拉西芹

品种特性：文图拉西芹叶柄浅绿色、肥厚，表面光滑，质地致密脆嫩，纤维极少，单株重约 1 千克，在适宜的栽培条件下，亩产可达 7 800 千克以上，从定植到商品成熟约 80 天，抗萎缩病和缺硼病（图 3－11）。适合露地或保护地春秋栽培。

图 3－11　芹菜品种——文图拉西芹

2. 碧玉芹菜

品种特性：文图拉类型改良品种，植株高大紧凑，纤维少，不易空心，高 70～80 厘米，黄绿色，表面光滑，棱沟少，亩产可达 1 万千克（图

3－12）。密植可种小棵芹菜。

图 3－12　芹菜品种——碧玉

五、胡萝卜

1. H1107

品种特性：适合春秋两季栽培，中早熟，生长期 105 天左右。叶色为绿色，地上部长势中上，顶小，肉质根长圆柱形，根尖钝圆，绿肩少，根长 22～24 厘米，根粗 3～4 厘米，亩产 4 000 千克左右（图 3－13）。肉质根表皮、韧皮部及木质部皆为桔红色，耐抽薹，适应性广。

图 3－13　胡萝卜品种——H1107

2. H1182

品种特性：适合春秋两季栽培，中早熟，生长期 100 天左右。叶色绿，地上部长势中上，顶小，肉质根长圆柱形，根尖钝圆，绿肩少或无，根长 20

厘米左右，根粗 4～5 厘米，亩产 4 000 千克左右（图 3—14、图 3—15）。肉质根表皮、韧皮部及木质部皆为桔红色，耐抽薹，适应性广。

图 3—14　胡萝卜品种——H1182（田间种植）

图 3—15　胡萝卜品种——H1182

六、西兰花

1. 中青 8 号

品种特性：适宜凉爽气候条件下栽培，建议栽培密度每亩 2 300～2 500株，定植到收获约 75 天。株形较直立，开展度适中，外叶蜡粉中等，侧枝较少。球形半圆，外形美观，球色浓绿，花球紧密，蕾粒细，品质佳，主花球茎实心，单球重 450 克左右（图 3—16）。田间表现高抗病毒病和黑腐病，可用于春秋栽培。

图 3－16 西兰花品种——中青 8 号

七、白菜

1. 中白 61

品种特性：秋早熟品种，生长期 60 天左右，叶球短筒形、叠抱抗病，丰产，较耐热，植株较直立，叶片绿色，少毛、全缘，株高约 33 厘米，开展度约 53 厘米，单株毛重 2.5 千克左右，净球重 1.7 千克左右，球高约 25 厘米，球茎约 16 厘米，净菜率 66.9％左右，亩产净菜 5 500 千克左右（图 3－17）。

图 3－17 白菜品种——中白 61

2. 中白 62

品种特性：中早熟品种，叶深绿色，高桩，直筒舒心形。球高约 38 厘米，球径约 16.7 厘米（图 3—18）。单株重约 3.4 千克，适宜在全国各地秋季中早熟栽培。

图 3—18　白菜品种——中白 62

八、娃娃菜

1. 佳丽

品种特性：韩国春秋娃娃菜品种，晚抽薹，45 天成熟，外叶浓绿，内叶嫩黄，直筒形，结球力极强，叶帮薄，口味极佳（图 3—19）。每亩定植 8 000～10 000 株。

图 3—19　娃娃菜品种——佳丽

2. 春秋皇

品种特性：定植到采收 55～60 天，黄芯品种，单球重 3.5～4 千克，肉质细嫩，口感佳（图 3－20）。

图 3－20　娃娃菜品种——春秋皇

九、茄子

1. 园杂 16 号

品种特性：植株生长势强，连续结果性好。门茄在第 7～8 片叶处着生，果实扁圆形、圆形，纵径 9～10 厘米，横径 11～13 厘米，单果重 350～700 克，果色紫黑，有光泽，耐低温、弱光，肉质细腻，味甜，商品性好，亩产 4 500 千克（图 3－21）。

图 3－21　茄子品种——园杂 16 号

2. 长杂 218 号

品种特性：12 月中下旬至翌年 1 月上旬播种，2 月底至 3 月初定植。株行距 60 厘米×75 厘米。适宜华北、西北地区保护地栽培。株形直立，生长势强，单株结果数多。果实棒形，果萼绿色，果长 25～28 厘米，横径 5～6 厘米，单果重 150 克左右（图 3－22）。果色紫黑亮，肉质细嫩，籽少。果实耐老，耐贮运。

图 3－22　茄子品种——长杂 218 号

十、西瓜

1. 全美 2K

品种特性：椭圆花皮小果品种，为日本 2004 年最新开发品种，与之前的小果椭圆品种相比，品质极佳，果重 2.5～3 千克，外皮靓丽（图 3－23）。低温座果性极强，连续结果能力强。果皮薄，耐运输。

图 3—23　西瓜品种——全美 2K

十一、洋葱

1."红绣球"

品种特性:"红绣球"红皮洋葱为长日型洋葱品种,播种至收获 170 天左右(春播),植株生长势强,株高 60～70 厘米,外叶数 11～13 片,叶灰绿色,鳞茎为圆球形,外皮亮紫红色,平均单鳞茎重为 300 克左右,鳞茎纵横径为 8.6 厘米×9.0 厘米,收口好,肉质水分较多,品质风味好,内部肉质有紫色圈,耐贮性较强,平均亩产量达 6 000 千克左右,对洋葱紫斑病、灰霉病和黄矮病的抗性较强。

"红绣球"红皮洋葱新品种的生殖生长期约 135 天左右,植株高度为 1.2～1.5 米,花为伞形花序,有苞膜覆盖,每个花序有小花数 200～600 个,果实为蒴果,成熟时开裂,种皮为黑色,千粒重 4～5 克(图 3—24)。

图 3—24　洋葱品种——红绣球

2. 长胜 104

品种特性：日系长日照中熟黄皮品种，生长期 105～110 天，整齐性突出，综合抗病好，不分球，单球重 300 克以上（图 3－25）。

图 3－25　洋葱品种——长胜 104

3. 长胜 105

品种特性：日系长日照中熟黄皮品种，定植后 110 天采收，球形高圆，贮藏期 6 个月以上，单球重 320 克以上（图 3－26）。

图 3－26　洋葱品种——长胜 105

4. 红丽

品种特性：日系长日照早熟紫皮品种，105 天收获，抗病性强，倒伏一致，单球重 280 克以上（图 3－27）。

图 3－27　洋葱品种——红丽

5. 黄锋 84

品种特性：欧系黄葱品种，生长期 110～115 天，高桩大球，单球重 350 克以上（图 3－28）。

图 3－28　洋葱品种——黄锋 84

第四章 土壤与施肥

与粮食作物相比，蔬菜作物具有生长速度快，产量高的特点，因而就要求土壤具有更高的肥力。那么，蔬菜作物对于土壤的具体要求有哪些呢？下面我们来看看蔬菜种植的土壤与施肥。

第一节 冷凉蔬菜对土壤的要求

一、对土壤质地的要求

种植蔬菜的土壤以砂壤土为佳，如果土壤状况不理想，偏砂性或者是过黏，都需要在栽培前进行必要的土壤改良。

常规改良土壤的方法是：在黏土地中，要加入细砂、蛭石和疏松性的物质，降低土壤黏性，能够促进作物的生长；在砂性的土壤中，要加入优质的黑黏土，使土壤成为砂壤土，提高土壤保水保肥的能力。我们要知道，加有机质、多施农家肥是最好的土壤黏性调节方法。

二、对土壤酸碱度和含盐量的要求

蔬菜作物无法在过酸或者过碱的环境中生长，种植蔬菜的土壤应为中性土壤，或是略偏酸性土，土壤的 pH 值在 6.5～7 这个范围为最佳。在盐分含量上，要求土壤的电导率不高于 4，特别是盐碱地，要经过改良和熟化，采用淋洗等办法进一步降低土壤含盐量，才可以进行蔬菜的种植。

三、对土壤结构的要求

1. 团粒状结构

种植蔬菜的土壤要有团粒状的结构，因为团粒状结构可以起到保水、保肥还有保温的作用。同时，团粒状结构能够增加土壤的孔隙度，降低土壤黏度、增加土壤透气性，促进根系的水分吸收和气体交换。那么，如何保持土壤的团粒状结构呢？

保持土壤的团粒状结构需要在土壤中每年施入大量的有机肥。有机肥经过腐熟、施入地里后深翻，再经过一个阶段的熟化，直到有机肥中的腐殖质和土壤中的钙逐步结合才可形成大如蚕豆、小如米粒的团粒状结构。

2. 黏性土壤的改良

在蔬菜的生长过程中，会经常出现土壤偏黏的情况。如果在冬春季生产蔬菜，土壤黏度太高会导致土壤气体含量不足，地温偏低，透气性不好，很容易发生沤根和根腐病。这个问题要通过施有机肥逐步使土壤形成团粒来解决。

还有一种情况，在北方地区有很多盐碱地，它们被用于建造温室生产蔬菜。在盐碱地建温室，盐碱会随着水流的渗透通道返到地表土层，甚至还会析出，在土壤表面形成白色结晶。所以，盐碱地温室蔬菜种植在土壤改良方面一定要注意在土壤的下层先铺设石头、沙子这样的渗漏层，然后再在渗漏层上铺设能够种植蔬菜的土壤。这样就可使土壤上面的水渗透下去而底层的盐碱由于沙石层的阻隔，不能够返到地面，才能解决盐碱性对土壤造成不良影响的问题。

第二节　冷凉蔬菜对肥料的要求

蔬菜在生长过程中，需求量最大的是氮、磷、钾、钙这几个大量元素，以及锌、硼、镁这些中微量元素。特别是在北方地区，蔬菜对以上几种元素肥料比较敏感。那么，以上这几种元素肥料该怎么施？施多少呢？

一、氮肥

氮肥是蔬菜作物一生中需求量最大的肥料，土壤氮肥充足能够促进植物生长发育，提高产量。氮肥主要作用于蔬菜作物的中苗期和后期，那么该怎样施氮肥呢？主要有以下几个步骤：

第一，翻地阶段。在翻地阶段，每亩地应施入优质腐熟农家肥 8～10

立方米。腐熟的农家肥不仅含氮多，而且还含有一定量的磷和钾，是最好的有机肥，同时也可以改良土壤结构。

第二，蔬菜生长期。在蔬菜生长期，每亩应根据需要追施尿素 25～50 千克。在追施尿素的时候，需要注意以下三个问题：一是，尿素必须随水施入，不能撒到地表。如果尿素撒到地表，尿素里的氮元素就会挥发，同样道理，施用碳酸氢铵时也必须冲施。二是，尿素水溶性非常强，随水渗透到地下的流失量也非常大，所以，根据土质的不同，黏土地每次可施入氮肥 15～20 千克，砂土地每次施氮肥不宜超出 7.5 千克。氮肥可采取多次施肥，每次少施的方法，以提高氮素的利用率。三是，一般作物在出齐苗或移栽成活以后，每亩地要补充氮肥 20～30 千克，这叫做提苗肥。这次施肥要及时而充足，在砂土地，可分为 2～3 次施入；在开花结果期，一般施入氮素要少一点，而在果实生长期，要给充足的氮素。所以一般在结果期，每亩地还要补充 25～40 千克的尿素，也分为 2～3 次施入。

二、磷肥

磷肥在土壤中的移动性比较小，主要作用于作物小苗发根的时期。在这个时期需要施用磷肥，而且磷肥一定要做底肥，并且要分层深施。比如，深翻地 20 厘米的时候要施一部分，浅翻地 10 厘米的时候再施一部分。一般北方地区种蔬菜，1 亩地需要 25～50 千克磷肥。当然，能够根据测土配方报告再确认施肥的量会更加准确。也就是说，将 25～50 千克的磷二铵分两次施入土壤中。

对磷肥施入的基本要求是一定在栽苗前施入，能够促进植株根系的生长。假如已经栽苗，再施入磷肥的话，就必须开沟施入，不能在地表浇水的时候将磷二铵带入土壤，这样会大大降低吸收率。磷肥除了磷二铵之外，还有一些过磷酸钙和复合肥。蔬菜种植中过磷酸钙的施入量要达到每亩 50 千克以上，而复合肥单独作为磷肥在生产中不常用，因为复合肥中的含磷量低，普遍达不到蔬菜生长的要求。在蔬菜作物生长的结果期，也需要一定的磷肥，如果这一时期能追施一次磷肥，就会促进果实的生长。追施磷肥的时候需要注意一个问题，必须使磷肥深入到土壤中，或者是从土壤下面的滴灌管输送进去。

三、钾肥

钾肥是重要的品质型肥料，特别是果菜类对钾元素的需求量较大。钾肥的功能主要是改良作物的品质，提高茎秆和果实的质量，提高作物抗逆性。如果钾肥不足，作物表现为产量低和果实品质下降。作物对钾肥的需肥时期在产品形成期，也就是开花结果期，特别是果实增长的时期。当然，在作物茎叶的形成过程中也需要钾肥。因此，钾肥的施肥时期，应当在作物的苗期少施，花期和结果期多施。

在温室蔬菜中，每亩地应施硫酸钾 25～50 千克。以茄果类蔬菜为例，在苗期每亩地应施硫酸钾 10～15 千克，在开花结果期，每亩地应施硫酸钾 25～30 千克。目前蔬菜种植户也有用硝酸钾进行施肥的，这既补充了氮肥，也补充了钾肥，因此在作物的中期和后期的追肥中，可以用硝酸钾，施用氮肥和钾肥。在施肥方法上，由于钾肥在土壤中的移动性很强，将钾肥撒到地表，浇水就可以了，或是将钾肥在水里融化后，跟着滴灌带进入土壤。在砂性土壤里，因为钾肥的流失性很大，所以应当多次补钾，每次补的量小一点，每次补施 5 千克左右，多次进行补肥，这样就利于作物多吸收钾肥。

钾肥除了对作物有提高品质、提高产量的功能之外，还可以提高作物的抗病性。如对软腐病、腐霉病等一些造成作物腐烂的疾病均有预防效果。

四、其他肥料

除了氮、磷、钾三种元素之外，北方地区的土壤普遍缺乏锌、硼、镁这 3 种元素。因此，在翻地的时候，每亩地应增施锌肥、硼肥、镁肥各 1～2 千克，这些微量元素不仅可以改变作物的品质，也可防止作物生长后期病害的发生。

如果作物缺少微量元素会发生什么现象呢？笔者曾经处理过一个洋葱黄尖死苗的问题，或许能够给大家提供启发。

洋葱出现黄尖死苗的症状，其表现是从叶子的尖端开始变黄，然后叶片像秋天被霜打过的草一样，一片一片地变黄后干枯。一个温室或大棚里通常会出现 5～6 个圆形的发病区，每个病区面积 1 平方米左右，逐步扩散至全棚，死苗率有时可达到70%。这种死苗方式具有潜在的迷惑性：发病初期技术人员并不认为这是病害，而会认为是一般的水、肥、温度等因素不协调产生的植物生理现象。所以这种病害凭借自身的隐蔽性，往往会误导技术人员重点在栽培措施上下工夫去调节。事实证明，这些栽培措施的调节不仅不能有效地控制死亡，还会加速病害的发展。

通过进一步观察，笔者发现了这种病害的另一个现象：即叶片基部的管心里面出现干缩。具体表现为初始管心发软，然后由内向外逐步变干并伴随有纵向褶皱，最后洋葱苗在地表面和土接触的部位彻底收缩，导致地下的水分和地上部的小苗脱离关系，发生干缩、软化，进而导致作物地面部分死亡。有人认为这是灰霉病，也有人认为是疫病，因为它在茎的基部产生了轻微的菌丝体，是真菌感染。笔者则认为洋葱管心干缩是由于缺乏微量元素引起的。所以在防治措施上，采用了微量元素加杀菌剂。具体是用15千克水加入代森锰锌80克和内吸性的药剂进行复配，这些内吸性的药剂主要是乙磷铝、噁霉灵、多菌灵以及钙、锌、镁、铜等微量元素。结果喷施一次就阻止了叶子黄尖现象的扩展和发生；再喷2～3次，特别是把微量元素和氮、磷、钾等营养元素作为叶面肥进行喷施后，洋葱苗就完全恢复了生长。

把这个喷施方法与单独喷施药剂进行了对比，证明了这个方法针对这种病症有独特的效果，能够有效地抑制洋葱叶子黄尖死苗现象的扩展，促使洋葱苗恢复正常生长。现在该项喷施技术被广泛推广应用在整个华北地区的洋葱育苗中。

在微量元素的使用中，如果某种元素过量也会对作物的生长造成影响。在乌兰察布市集宁区马莲渠乡霸王河村的蔬菜生产基地约有1 000多亩简易温室，以生产春季黄瓜为主。春季黄瓜定植的时间大约在2月底至3月初，通常在4月20日后开始采收。但在1995年，温室里的黄瓜发生了化瓜和"铁锈病"。

1995年5月中旬，农户反映棚里的黄瓜灾情严重。此时每株黄瓜结了7～8条瓜。笔者到现场观察发现，温室里长度在10厘米以下的小瓜开始黄化、脱落，并出现叶片发黄、发干、发硬、上卷的现象，叶片上沿着叶脉两侧形成小米粒大或绿豆大的小黄斑，黄斑从靠近根部的叶片开始发生，发展速度很快，看上去像是沿着叶脉组成一条条的树枝状的黄条。在发生盛期，每天从下向上感染 5～6 个叶片，大约 1 周的时间全棚的黄瓜都染病化瓜。菜农把这种现象叫"铁锈病"。生产基地中 70%～80% 的温室大棚都发生了"铁锈病"。这种病导致的黄瓜化瓜非常整齐一致，10 厘米以下的瓜全部化掉。这种现象不属于竞争性的化瓜，是典型的锰元素中毒症状。调查表明，凡是得了"铁锈病"的地块，如果浇水或打药，一夜之间黄瓜整个植株就出现树枝状黄化，叶片变硬、变脆，失去植物叶片的弹性。经过从理论到实践的探索研究，我们终于找到了黄瓜致病的真正原因。

经过仔细分析，"铁锈病"是土壤酸性强、湿度大引起的锰元素过多的症状。由于温室大棚土壤连年种植，农家肥多，使土壤酸性增强，特别是黏性土壤在浇水后，土壤处于还原态，锰离子以它最容易被吸收的正 2 价形式出现，土壤中又缺乏氧气，这种状态提高了锰离子与其他离子的竞争力，致使钙、钾等其他元素的吸收处于劣势。同时，农民为了治疗霜霉病，大量喷施氨基甲酸盐类药物，以氨基甲酸锰为主要杀菌剂。用药后，霜霉病产生的病斑没有了，但是因药产生的副作用却使黄瓜叶片全部呈现出黄、干、上卷现象，最终干枯死亡。

为了证实笔者的判断，我们给各种蔬菜作物都施用了氨基甲酸盐类农药进行试验观察，结果发现凡是施用了氨基甲酸盐类农药的作物都出现了叶片发硬、发脆，光合作用下降的症状。洋葱感染霜霉病后，用氨基甲酸盐类农药进行治疗，并做了对比试验，结果发现洋葱很快老化，还没有到生长茂盛的阶段，就开始早衰。找到原因后，笔者创制了能解除这种氨基甲酸盐类农药药害的制剂 3 号剂，能够有效消除这类药害症状。喷施 3 号剂 12 小时后，我们惊奇地发现，作物叶片不再硬化，恢复弹性；洋葱也不再老化，正常生长。经过十几年的推广，这项技术已经被广泛应用到生产中，收到了很好的效果。

五、生物菌肥

生物菌肥是一种凭借微生物的活动为植物合成所需矿质营养的施肥方法。下面谈谈生物菌肥与土壤的关系。

我们先来看一个案例。2003 年前后，北京肥力高集团在乌兰察布地区推广了一种"肥力高生物菌肥施肥技术"。"肥力高"是一种生物菌肥，使用到温室大棚里可以使土壤中的微生物活动旺盛，分解更多的营养元素，使作物生长得更好。为了让农民对"肥力高"有更深的认识和了解，2003年肥力高公司的技术推广人员在乌兰察布集宁马莲渠乡霸王河村做了一个对照。对照结果显示，施了"肥力高"的地块作物死苗很快，没施用的地块作物生长正常，说明死苗的原因与"肥力高"这种生物菌肥有内在的联系。

实际上，生物菌肥在进入土壤后，有一个限制条件，即土壤的透气性。透气性的好坏直接影响生物菌肥的作用方向，其原因有两个方面：一是当土壤透气性良好时，土壤中生物菌反应向矿化的方向进行。生物菌能够将复杂的有机物分解为短链的、简单的、能直接被植物吸收利用的物质，此时施用生物菌肥，可以提高分解效率，使土壤中的营养元素增加，从而提高土壤肥力。所以在夏季耕作时，多松土，使生物菌肥进行矿化反应，能使土壤中的营养元素更加充裕。二是当土壤透气性不好时，生物菌的活动向着有机化的方向进行。生物菌此时把简单的化学物质，如无机盐、水分、氮素等合成为有机质，并将营养元素保存在土壤中，一定程度上可以保证营养成分不轻易流失，但是该部分营养却不再能够被植物直接吸收利用。所以，冬季尽量增加土壤封闭性，使生物菌肥进行有机化反应，将养分储藏在土壤中，使营养不易流失。

将这一理论联系霸王河村作物的死苗现象，可以作出判断："肥力高"的直接作用是使作物生长的营养成分降低，不会导致作物死亡。但是，另一个间接的原因却足以导致作物死亡，即生物菌肥在有机化的过程中，会伴随氢化物类的有毒物质产生，如硫化氢气体，这类物质可导致作物根系中毒死亡。

了解病理之后，笔者对试验样地采取了如下措施：一是松土透气。由于霸王河村的土壤都是黏性土壤，土质黏重，因此应给土壤进行松土透气。二是杀菌消毒。由于死亡的根系会被杂菌感染，于是笔者又用噁霉灵给土壤进行杀菌消毒。采用了这两项措施之后，死苗现象停止了，疫情得到了缓解。在此后的"肥力高"使用中，由于笔者正确地协调了生物菌肥与透气性的关系，结合对杂菌感染的防治，结果作物的长势良好。

"肥力高"的施用再一次提醒我们，土壤中微生物活动的两个方向，即有机化过程和矿化过程，一定要和透气性关联起来，特别是黏质土地疏菜生产中应当予以重视。这个原理在育苗中也被广泛应用，尤其是在蔬菜育苗期，如果土壤过于黏重造成幼苗死亡的时候，进行透气性处理十分必要。把这个原理灵活地应用到生产中去，才能在生产实践中对作物生长产生有益的影响。

第三节　典型案例分析

在农业生产实践中，肥料是好东西。它不但能促进作物的生长发育和果实成熟，还能在一定程度上提高作物的抗病能力。但是，如果农民没有掌握科学的施肥方法，在不恰当的时期、采用不适当的施肥方式、导致任何元素超标都会造成植株的非正常生长，从而带来不必要的损失。针对如何科学施肥，我们来看几个典型案例。

一、磷肥过量对蔬菜造成的伤害

我们都知道，磷肥能够促进植物的生长发育，增强根系吸水能力，使果实提早成熟。如果不慎给作物施用过量的磷肥会怎么样呢？

2006 年，内蒙古乌兰察布市商都县种植的西芹"文图拉"出现了非正常生长现象。该地的西芹出现了不长叶、不长秆、只分杈的情况，尽管西芹的分支特别多，但主干都不健壮，商品率大大下降，由此还引发了一场官司。种植者认为是种子出了问题，但种子商百思不得其解。为什么西芹品种"文图拉"在其他地方种植得都很好，唯独在商都就出现了这种情况呢？

通过多方面的调查研究，得出一个结论，商都县种植的西芹在幼苗期因大量施用磷肥所以造成了西芹分杈。调查资料显示，2006 年商都县的磷肥很便宜，1 000 多元一吨，所以很多种植户大量施用磷酸二氢钾肥料，1 亩地用量为 250～350 千克，每亩地磷肥成本价仅 500 元左右。土壤里过量的磷元素抑制了西芹主干的生长，促进了分裂，所以造成西芹分支过多，而主干孱弱。

二、不合理施肥对蔬菜造成的影响

特种南瓜是北方地区常见的蔬菜作物。它是一种雌雄同株、花单生的一年生草本作物。在整个生长期过程中，主要发生病毒病、白粉病、角斑病等病害，均比较容易防治，不会造成毁灭性的灾害，但南瓜在生长过程中出现的大面积花期不遇现象却是南瓜减产的重要因素。

南瓜花期不遇主要表现在雌花已落花、雄花后开放，导致南瓜授粉困难，坐瓜率非常低，直接影响南瓜的产量。为了解决这个问题，南瓜种植区的许多农户采取了一些"土"办法进行人工授粉：即走很远的路，到其他地里采集雄花，然后再一株一株地授粉、套花。人工授粉的缺点是异地采集雄花，授粉困难。

南瓜的遗传学特征是雄花先开放，雌花后开放。从自然生态学的角度看，这种生长规律能确保雄花及时为雌花提供花粉。为了调整不同品种间的杂交率，科技人员们研制出了一些不开雄花只开雌花的南瓜品种，应用在生产实践中就是在只开雌花的南瓜品种中间，种一行只开雄花的南瓜品种，从而实现南瓜雌花的顺利授粉。这种配比方式要求播种期必须合理搭配。

当前，我国引入的南瓜雌雄同株的品种占大多数，雌雄同株的南瓜应为雌花和雄花同时开放。然而，实际上华北地区种植的南瓜雌花开得早而雄花开得晚，不在同一时间开放。这是什么原因导致的呢？

为了解决这个问题，笔者进行了深入的调查研究。从现场调查的情况看，雄花不开放的原因可能是植株水肥充足，茎蔓茂密所致。而雄花不开放、雌花开放后很快凋落，则属于生殖营养不足但植株的茎和叶营养过剩所致。沿着这个思路，我们采取了一些促进雄花和雌花同时开放的措施，很好地达到了授粉的目的，确保了南瓜的正常生长。

第五章　光对蔬菜生长的影响

在光的作用下，植物能够进行光合作用，生产出生命活动所需的能量，进而生长发育出茎、叶、花和果实。对蔬菜作物而言，充足的光照是十分必要的。蔬菜作物对光照的需求表现为 3 个方面：光照时间的长短、光的强度和光质的要求。不同种类的蔬菜对光有一些特殊要求，不同的设施类型也对光照产生不同的影响。

第一节　光照时间对蔬菜生长的影响

蔬菜作物在生长过程中，都需要有足够长的光照时间。所以，在蔬菜生产中，特别是在设施蔬菜生产中，要尽量的给予长时间的光照。关于蔬菜的光照时间，要特别注意两个问题：

第一，光照时间不宜过短。光照时间如果每天少于 6 个小时，作物生长速度就会大幅度的降低。例如，冬季育苗的时间就比夏季育苗的时间长20～30 天，这主要是由于冬季光照时间短，因此作物生长速度缓慢。蔬菜的生长过程中，在保证温度的条件下，揭放遮盖帘子要想办法延长光照时间。在设施农业中，光照不仅是作物生长的需要，而且是温室热量的来源，所以，长时间的光照有利于作物的生长，也有利于温度的提高。

第二，不同作物最适光照时间不同。不同作物对光照时间的长短也有特殊的要求。长日照类型作物，必须在长日照条件下才能完成结实。比如，洋葱是典型的长日照作物，如果在引种过程中，把短日照地区的洋葱品种拿到长日照地区种植，洋葱就会出现提早开花、结球，致使产量大幅度下降；相反地，把长日照地区的品种拿到短日照地区种植就会产生不结球现象，始终保持营养生长。在北方地区，都需要引种长日照作物的品种。所以在引种上要特别注意光的照射时间对作物的影响。

第二节 光照强度对蔬菜生长的影响

在满足作物光照时间的同时还要满足它最低光照强度要求。一般情况下，蔬菜作物每天都需要光照强度达到 20 000 勒克斯以上才能正常生长。

北方地区晴朗天气日照可以达到 40 000 勒克斯以上；半阴天可以达到 10 000～20 000 勒克斯；如果低于 5 000 勒克斯，光合作用会大幅降低。这个指标是温室补光的重要准则。在温室，如果蔬菜生长中需要进行光照补充，补充到植物叶表面的光照度，要达到 8 000～10 000 勒克斯，才能对植物生长起到促进作用，低于这一指标就是无效光照。

在光源能量固定不变的条件下，光源与作物的距离决定了光照强度。因此，在给作物补光时要尽量的使光源接近作物的叶面才能产生理想的补光效果。随着光源与作物叶面距离的加大，光照到达作物叶面的强度衰减，距离拉长 1 倍，光照强度会降低 4 倍以上。

光照时间和光照强度对作物的影响不仅关系到作物的生长量，而且对作物的品质有很大的影响。特别是在作物种植密度较大的条件下，如果作物行间的光照量不充足，作物的果实中糖分等有机物质的含量就会降低。因此，如果要实现作物的高品质栽培，就必须降低种植密度，让充足的光照长时间进入作物的行间，蔬菜产品的质量才会大幅度提高。

第三节 光质对蔬菜生长的影响

我们的眼睛能够看到的太阳光是由红橙黄绿蓝靛紫 7 种光谱组成。实际上，太阳光还包含很多我们看不见的部分，其中最为重要的是红外光和紫外光。它们的波长不同因而在光谱上呈现出不同的颜色，所以，光质也可看作是光的波长。对植物而言，影响蔬菜品质最大的光是紫外线。在露天种植蔬菜，如果是紫外线充足的地区，比如说海拔高的地区，紫外线的含量高，植株叶片会很厚，叶绿素的含量会很高，产品的质量就比较高。在温室中，由于玻璃和塑料棚膜阻挡了紫外线，因此温室中蔬菜的质量、口感、维生素 C 含量均低于露地栽培的水平。在设施农业中，如果要获得和自然界接近的蔬菜品质，就需补充紫外光，以大幅度提高作物的质量。

图　温室蔬菜补光系统图例

第六章　蔬菜的温湿度管理

在蔬菜生产的全过程，温度对蔬菜育苗、生长、结果及衰老均有十分重要的影响，特别是北方地区，夏季气候凉爽少雨，冬季寒冷干燥，保护地内昼夜温度变化十分剧烈，掌握适宜的温度管理方法是保证蔬菜正常生产的关键要素。因此，我们将蔬菜生长周期分为苗期、成熟期和结果期，分别叙述不同时期温度管理的重点部分。

第一节　育苗期的温湿度管理

育苗是温室大棚蔬菜生产的首要环节，也是最重要的一个环节。如何才能"抓全苗"呢？这是一个非常细致的工作，保持温室大棚适宜的温度是苗全苗壮的重要保证。

一、浸种催芽时的温湿度管理

要使种子发芽，就要打破种皮、种子休眠及湿度不够的制约因素，为种子创造出适宜发芽生长的外部环境。在生产上，催芽播种是提早出苗的一个方法。

催芽播种是指将蔬菜种子在温水里泡 4 个小时，使种皮充分吸水变软，然后用湿润的布包起来，放到 30℃的环境下，促进芽的生长，当芽快要顶出种壳的时候可以进行播种了。

这个时候，要把握一个环节：播种的环境温度和发芽的环境温度差距不能过大。比如说，播种的土壤温度还很低，在 10℃左右，而发芽的温度是 30℃，这样种子播进去以后会不适应。所以，要根据环境的温度来调整发芽的温度。如果是在春天播种，15～20℃的条件下，虽然发芽速度慢，但是播到地里会顺利的出土。当然，如果外界环境温度比较好，为了加快出苗，可以在 30℃的条件下发芽。

二、播种期的温湿度管理

为了更好地说明播种的问题，我们这里穿插一点育苗基质土的配制及播种的操作方法。

播种前，要将基质土或草炭等与土壤充分混合，并加入充足的磷肥，把这些肥料与基质拌好放入穴盘中。一般情况下，每平方米的育苗面积要用100～150克磷二铵，这是育好苗的一个重要肥料基础。如果是在畦中育苗，一定要把土壤作细。作细的标准是什么呢？就是土壤里不能有土块或者石头块。如果这个环节进行得不仔细，种子恰好在石头缝或者土缝里，种子就和土壤接触不上，就会出现吊苗，即在发芽的期间得不到充足的水分导致小苗死亡。作细以后，在播种前一定要先把水浇充足，如果浇水不充足，当种子覆土以后再浇水的话土表层就会板结。当然，无土育苗就可以先不浇水，因为播种后需要每天浇水，并且无土育苗的基质是疏松的，尽管给水但它不会有硬壳。

播种后，小种子类型的蔬菜，比如：茄子、辣椒、番茄等蔬菜，覆土1厘米，一定要在上面进行压实。就是让种子和土壤能够紧密的"挤"在一起，紧密的接触，使种子能够连续吸水。如果不压实，种子就不能够连续的吸水，出苗率会很低。所以，传统做法是播完种以后要用脚踩到地里面，这个环节是非常重要的，是重中之重。

三、出苗期的温湿度管理

播种后，到出苗前这个阶段，始终要保持适宜的温度和湿度，这两个条件都要满足。但是在春天，这两个条件是互为矛盾的。所以在春季播种后要用塑料膜覆盖，进行保温和保湿，如果土壤缺水就要补充水，补充水的时候，还要注意不能降低温度。在小苗出土的这个阶段，补充的水不能太凉，要保持在20℃左右。

种子出土是最关键的时期。种子快出土的时候，因为地膜覆盖，地表的温度非常容易超过30℃，特别是在中午，温度可能会达到40～50℃。如果恰巧在出苗阶段，一旦小苗出土就会在高温环境下死亡。因此，在这个关键时刻，要求技术员每天中午都要在现场，如果发现膜下地表温度超过了30℃，而种子又要出土，就要及时的把塑料膜打开。打开以后，会出现两个情况：第一种情况是由于打开以后，太阳的照射很快会使地表干旱缺水，所以就要补充一点 20℃ 左右的水。第二种情况是白天打开，夜间温度还很低，还有很多苗在陆续的出土，那么下午必须把膜再覆盖上。也有很多农户这个时候选择不揭膜而采取遮阴的方式，在中午的时候给苗遮阴，避免烤死苗。经过 5～7 天仔细的管理，小苗出齐以后危险就降低了，此时可以统一的给水、揭膜，夜间统一的盖膜。

在小苗陆续出土的时候，一定要让这些苗及时的见光，如果不见光，小苗马上就徒长。及时的见光，就会子叶变绿，正常生长。所以，当小苗有的出来，有的没有出来时，既得照顾到出来的，还得考虑到没出来的。温度一般夜间不能低于 10℃，白天不要高于 30℃，水分必须保证充足，一定要做到既保证水，还要保证温度，时时刻刻地处在一个平衡的状态，把这个矛盾协调好，这样才能抓全苗。

四、花芽分化时的温湿度管理

我们要特别注意，在苗期或者种子期，如果低于一定的温度，就会形成花芽，后期开花结果，也叫花芽分化。在蔬菜的各生长阶段，花芽分化受温度影响很大，并且这种影响直到结果期才能显现。下面我们就来学习如何很好的利用这个自然规律。

例如：在黄瓜和番茄的苗期，应尽量在夜间保持 10～14℃。如果夜间高于 14℃，那么黄瓜和番茄的花芽就会减少。如果保持在 10℃ 左右，这个苗的花芽就会分化很多，结的黄瓜和番茄也会增多。

不同的作物花芽分化对温度的要求是不同的。主要分为以下两类：

第一类是茄果类作物，如黄瓜、番茄、辣椒、茄子等。这类蔬菜的小苗如果长出 2～4 个叶片时，夜间温度应保持在 10℃ 左右最有利于后期的开花结果。如果番茄、黄瓜在夏季育苗，温度很难降到 10℃ 左右，因此夏季育苗，秋季栽培的黄瓜、番茄结果就不好。生产中，夏季育苗的苗期主要是要喷施乙烯利、矮壮素等这类激素，使苗子能够不徒长，多结果。例如，黄瓜 2～4 叶期叶面喷施乙烯利（1 毫升加 5 千克水），就能代替低温的效果，促进黄瓜开花结果。

第二类是叶菜类作物。芹菜、白菜等这类蔬菜，如果在苗期接受了

0～5℃的低温，它在后期就会抽薹开花，不能形成我们需要的产品。那么在苗龄多大的时候易受低温危害呢？一般情况下，在苗高5～15厘米，茎粗0.3厘米以上的这个阶段，若感受这种低温，它就会抽薹开花。大白菜在2～3个叶片的时候，芹菜苗在3～4片叶的时候，如遇0～5℃，特别是0～2℃这样的低温，只需要两个夜晚，定植后便会抽薹，所以这一点对蔬菜种植是非常重要的。这些叶菜类小苗，即使是0℃也不会死亡，它的抗寒性很强，但是它会抽薹。

还有一类叶菜，种子一旦受凉，后期就会抽薹，比如说胡萝卜、大萝卜。这些蔬菜，种子种到地里面，温度比较低，虽然不是苗期，在种子萌动期感受低温，到后期就抽薹。所以在北方地区，种大萝卜必须把握好播种期，不同的品种有不同的地温要求，如果提前播期，就容易造成抽薹。

五、蔬菜生长育苗期的温湿度管理

（1）夜间温度要低，白天温度要高。特别是黄瓜苗对温度高低的要求较严格，具体界限是：高温是指25～30℃，低温是指8～12℃；并且凌晨3:00—5:00、天亮时候的标准温度不能低于8℃，低于8℃小苗就会因为低温造成死苗。

（2）子叶（没产生毛叶时）温度要低，成苗（长了毛叶时）温度要高。

（3）阴天温度要低，晴天温度要高。

（4）移栽后、根系受到伤害的时候，昼夜温度都要高才有利于新根形成。所以，如果夜间、阴天、子苗时期温度高，或者是移苗的时候温度低，都会造成死苗。此时，如果按照幼苗生长规律对温度的要求进行调整，幼苗就会苗壮生长。

第二节　温度影响生长的生产实例

一、冬春季低温对蔬菜生产的影响

北方地区冬春季气候比较寒冷，这期间的室外温度经常在－25～

30℃，温室内温度常常低于5℃。因此，冬春季温度是影响育苗的决定因素。在考虑温度的影响时，不能只关注温室气温有多高，此时地温是核心。

在春季，温室气温在30℃时，5～10厘米土层地温没有达到10℃以上时不能放风，尽量保持高气温，通过较高气温提高地温，一般40℃以内不放风。夏季温室地温高于气温，当气温达到28℃就要及时放风，以免引起烤苗。秋季要抓紧蓄温，使地温维持在合理水平。白天尽量保持高温（35℃以上放风），把热量都储蓄到土壤和墙体里面，这样在寒流来临的时候，温室大棚才有一定能量的蓄热能力来抵抗寒冷。所以秋天要及早关棚，高温蓄热，以有效地延长作物的生长期，以获取高产的采收时机。

二、子苗期高温造成的烧苗

在北方地区，农民培育第一茬春季黄瓜苗时，通常采用在木盆等木质容器中加入基质的方式培育子苗。传统的基质选用炉灰渣、沙子或是加粪的混合物，还可以有其他成分的混合物，培育时间为半个月。这个时候幼苗对环境的要求非常高，稍有差错，小苗就会倒伏、死亡。例如：2006年，乌兰察布市集宁区霸王河村的一些菜农在育苗的时候出现了小苗全部倒伏死亡的现象。这件事在北方地区很典型，是生产中普遍存在的问题。笔者经过了解，发现菜农们在冬季时育苗，因为害怕小苗着凉冻坏，晚上都把育苗盘放在火炕上。但恰恰是这一做法不符合小苗对温度的要求：小苗出土后白天需要25～30℃的温度，并需充分见光，夜间只需要10℃左右的温度。出苗前，昼夜温度都要求在25～30℃。由于菜农们没有遵循小苗对温度的要求规律，晚上不但把苗盘搬到了炕头上，还在上面加覆盖物，结果夜间温度达到了30℃以上，白天的温度却降到了25℃左右，与幼苗对温度需求相反，需要低温的时候温度高，需要较高温的时候温度却低，导致小苗徒长、倒伏、死亡。此时，如果及时调整温度就可以使小苗恢复正常生长。

在无土育苗中，使用蛭石进行播种后覆盖，温度管理不当可能造成烧苗。

2012年，在乌兰察布市化德县白音塔拉乡大白菜育苗中，发生了小苗发芽后一顶土生长点就被灼伤死苗的现象。当时气温和地温都不是很高，不会造成烤苗死亡，但是用蛭石覆盖的这些穴盘，由于蛭石的吸热性，使得局部温度非常高，小苗在出土时顶土的部位就会被灼伤。针对这个情况，在出苗时及时喷雾，同时在覆盖的蛭石中加入一定的壤土，问题就得到了解决。

三、黄瓜畸形瓜的防治

在北方地区，保护地黄瓜种植面积非常大，是蔬菜栽培的主要作物之一。黄瓜的畸形瓜是保护地黄瓜生产中的普遍问题。畸形瓜有两种突出的表现特征：一是"大头瓜"，老百姓戏称其为"手榴弹"，即黄瓜前端有一个大头，瓜棱发黄、瓜瓤发白；二是"尖头瓜"，即黄瓜长到粗2厘米、长10～15厘米时，瓜的前端开始变得细长，伴随缓慢的弯曲，像月牙形状。畸形瓜是导致温室黄瓜商品率低的主要原因，这个问题在北方的大部分地区表现突出。例如，1998年的5—6月，在当时的乌兰察布盟（注：2004年更名为乌兰察布市）察右前旗白海子乡辛家村，温室黄瓜的生长出现了畸形。对此，笔者在跟踪调查的基础上，对黄瓜畸形瓜进行了对症处理。

通过调查发现，黄瓜在不同的生长季节都有畸形瓜出现。黄瓜畸形是生产环境不良造成的光合作用受阻的表现形式，而各个季节造成光合作用受阻的不良条件是不同的，每个季节都有一个突出的制约因素。在夏季黄瓜生产中，高温和黄瓜行间通风量不足是畸形瓜形成的主要原因。同时，夏季高温季节伴随着黄瓜病虫害的发生，在叶面喷施了农药，农药对黄瓜的副作用也造成了大量的黄瓜畸形瓜。在春季黄瓜的生产中，低温导致黄瓜营养元素吸收受阻是造成黄瓜畸形的主要原因。这里注意区分两个概念，"温度不足"和"温度低导致营养元素吸收受阻"是不一样的。春季是黄瓜种植中畸形瓜表现最突出的季节，而温度低导致黄瓜缺少钾和微量元素，如大头瓜瓜棱发黄就是典型的缺钾的表现；尖头瓜是缺微量元素的表现。

按照这个思路笔者进行了对症处理：对"大头瓜"进行钾肥的施用，叶面喷施浓度为千分之二的磷酸二氢钾，也可通过浇水施肥施入钾肥，同时要保持土壤干湿均匀。对"尖头瓜"喷施微量元素肥料，并进行了叶面喷施。24小时后，黄瓜明显变直，甚至完全变直。喷药后的第二天，有一位菜农拿着黄瓜找到笔者的工作单位，来展示他的黄瓜。他认为那个变红、变蓝的药水是一种"神奇的魔法"，才会出现这样神奇的变化。为此，笔者为他做了详细的科学解释，并感谢他特意送来的黄瓜标本。这说明了我们在处理畸形黄瓜方面采取的措施是科学合理的。

四、保护地育苗低温沤根问题

冬春季节，保护地育苗要做好保温保湿。但是，在实际生产过程中，做到保持适宜的温度、水肥充足是不太容易的，过度管理又常常会导致低温沤根现象。让我们来看几个案例：

2000年2月中旬，在乌兰察布集宁霸王河村温室黄瓜育苗基地发生了死苗事件。死苗现象表现为：第一天，白天叶子发蔫，夜间恢复原状；次日白天再发蔫，夜里再恢复原状；第三天开始死苗。经过现场测定发现，地温低于8℃，小苗在湿冷的环境下无法正常生长。于是笔者采用了延长温室地热线使用时间的方法，把地温调整到12℃，死苗问题立刻得到解决。由此可见，只需改变一个条件，就是提高地温，这个问题就得以解决。

2011年3月22日，在乌兰察布市察右中旗的温室生产基地，工作人员正在采用穴盘育苗。笔者看到，穴盘被直接放置在了温室的地表面，当时温室的地表已经被压实。穴盘中正在培育的黄瓜苗苗龄已有40多天，此时的小苗虽然已经长到两叶一心，但却有50%的小苗出现了叶片发黄、根系腐烂的症状。小苗之所以出现这种情况，一方面是当时连续3天下雪，气温、地温都比较低；另一方面是技术员误以为小苗肥水不足，所以给小苗浇水，使得本来就板结的苗床，浇水以后又湿又黏，地温持续下降，回升又比较缓慢，最终导致了严重的低温沤根现象。

对此，我们采取的措施是：一是让幼苗根系脱离潮湿地面。在育苗床上挖了很多沟，然后再把苗盘架到沟上，使小苗根系与空气接触，热气能够循环到小苗的根部，迅速提高根系温度；二是在小苗根部上下透气后，又使用噁霉灵进行苗床喷施消毒，避免小苗在湿冷的环境条件下生长。2011年3月26日上午，我们再一次来到这个温室观察，发现有50%多的小苗沤根现象得到了控制并发出新根，叶片开始变绿，只有一小部分黄瓜苗由于沤根程度太严重失去了再生能力。

五、无土苗定植后温度、水分环境不适应造成的死苗

2007年，在乌兰察布市察右前旗赛汉乡辣椒苗育苗温室笔者发现，正在育苗的辣椒生长缓慢，只有少数辣椒苗比较粗壮。此时辣椒出苗已长到两叶一心。该育苗温室采用基质穴盘播种，基质由草炭、蛭石和适量的无机肥料混合而成，温室中铺上地膜，将穴盘播种后放在地膜上。我们将这些粗壮的辣椒苗取出，发现这些辣椒苗的根系穿过地膜扎到了地面的土壤中，所以这些苗比无土苗长得好。随后，这一发现又在其他基地得到验证。

2007年，乌兰察布市卓资县旗下营镇的露地青椒定植后大面积死苗。旗下营位于乌兰察布市西，与呼和浩特市相邻，年无霜期115天，茄果类蔬菜可通过育苗后露地栽培。2007年，农户从山东买回青椒苗已六叶一心，是无土育苗的营养方块，覆膜定植10天后小苗逐渐萎缩，半个月开始死亡。

笔者在现场观察，小苗根系没有形成新根，无土育苗形成的根系还是定植时的团状，颜色棕红，没有新根扎入土壤。当时，2007—2008年乌兰察布地区类似的事情发生多起，笔者认为这是无土环境和栽培环境差异过大引起的。一是无土育苗在基质条件下根系看起来强大，但没有土壤的微生物环境，根系吸收营养的方式以渗透吸收为主，所以根系不适应土壤环境。二是水分吸收出现障碍。尽管土壤水分很大，但是小苗根系形成团状蓬松根系团，孔隙度特别大，而土壤质密，孔隙度小，水分很难从土壤进入根团中，所以根系团中间特别干，造成水分不足，发根困难。三是温度差异大，不利缓苗。温室育苗环境和外界根系温度环境相差8～10℃，定植后难以适应，所以定植时要把温度差异作为一项重要参考指标。

2013年，在乌兰察布冷凉蔬菜院士工作站，甘蓝育苗、西兰花育苗发生了同样的事情。我们采用基质穴盘播种，直接在地膜上放穴盘，不久就发现尽管都给予充足的水和肥料，但出苗后生长都比较缓慢。而地表不铺膜的部分，作物根系能扎到土壤中，长出的苗粗壮、生长速度快。但是如果采取不铺膜的育苗方式，移栽时幼苗在土壤中的根系就被破坏了，这就失去了无土育苗根系发达的优点。

经过调查我们得出结论，育苗期幼苗生长缓慢是营养不全面造成的。

在生产中如果发现无土育苗育出的苗生长得极弱的话，那么在蛭石中加入土壤或将苗移植到土壤中，这个现象可得到缓解。

针对上述情况，我们在生产上进行具体指导，主要措施是：①在育苗基质中加入20％壤土，改善根系环境，基质由土壤、有机肥、无机颗粒组成，称三合土育苗，效果明显。②熟化农田土壤。例如：2007年在内蒙古鄂尔多斯市鄂托克旗，温室无土育苗定植死苗后，发现温室土壤是胶黏土，无土育苗定植后不发根，将温室土壤加入大量农家肥和砂性土改良后，问题得到解决。③无土苗定植时给水要充分及时，定植前要浇水，定植时还要及时跟水。④加强出苗前低温锻炼，使幼苗定植后适应环境变化。

六、沙质地膜下高温造成的洋葱死苗

2007年，内蒙古锡林郭勒盟苏尼特右旗赛乌苏乡的农户赵某种植了400亩洋葱。洋葱植株生长到直径4～5厘米、葱头重量为50～100克的时候出现了倒伏现象。具体症状是：植株新叶不生长，老叶子没有发黄就开始倒伏，根系基本干枯且细如牛毛，已无白色根系，出现严重的根部萎缩，随后洋葱出现大面积死亡。

笔者当即对现场进行了详细考察，情况如下：①土壤类型：盐碱地，基本为砂质土，但是沙化并不严重，没有造成大面积作物死亡的土质条件。②肥料：肥料为农家肥和化肥，用量符合洋葱生长要求，施肥点是在地头。地头约有1平方米洋葱被灼伤，但情况不严重，其余洋葱完好，不具备大面积作物死亡的肥料中毒条件。③水：水源充足，无干旱迹象，无泡苗现象，水分供给适量，可排除其危害性。④种子：农户赵某有多年栽培洋葱经验，栽植前经过有经验科技人员的测试，排除种子导致死亡的可能性。⑤温度：白天28～29℃，夜间14～16℃，适宜洋葱生长要求。⑥光照：露天栽培，不存在光照不足的问题。⑦病虫害：不具备病害生物学特征，如辐射状传播、感染中心等。无虫害。⑧气体：无有害气体。

既然考察数据全部正常，那么我们就得换个角度进行思考。当时笔者提出了两个疑点：一是洋葱全部死亡还是有小部分存活？二是该地属于沙漠性气候，地膜覆盖温度是否超标？带着疑问，我们开始了新一轮的研究，在现场发现覆膜处洋葱大量倒伏，只有少部分无地膜覆盖的地片生长良好。这些地片的覆膜有的是在无意中被划破，有的是覆膜不严造成的漏洞，但正是这些地方，洋葱长势良好。笔者认为这不是一个偶然现象，于是对这些地块进行分析。这些地块土壤都是砂质土，其余条件均与第一次调研相符，唯一不确定的是膜下温度。经过温度测试：中午膜下覆盖温度高达60℃。我们恍然大悟：砂质土升温快，即使在冷凉地区也同样有高温危害问题，加上本地区昼夜温差较大，就更容易发生高温损害问题。

对此，我们进行了破膜处理，并且在地表撒白灰为洋葱补充钙质，又喷施了生根剂。几天后洋葱就恢复了正常生长。到了秋天赵某家种植的洋葱每亩产量达5 000千克以上。此次高温危害虽然没有造成很大的损失，但是，我们必须反复强调一个容易忽视的问题，那就是冷凉地带，砂质土的地方要特别注意膜下高温造成的危害。

第七章　气体环境

第一节　气体对蔬菜的影响

温室中空气的成分对保护地蔬菜生长影响非常大，它与水、土壤、光照共同构成了温室蔬菜的生长环境。能够影响温室蔬菜生长的气体成分主要包括：二氧化碳气体、含氮气体和其他有毒气体（如油漆、含苯类）。下面分别对这些气体的调节问题进行说明。

一、二氧化碳

二氧化碳是植物光合作用的核心物质，植物的叶片吸收二氧化碳后在水和光的作用下合成出有机物，一方面供植物的生命活动需要，同时还为我们人类提供了食物。纵观蔬菜生长的全过程，二氧化碳是最重要的原料，甚至比氮、磷、钾等各种肥料都重要。

在温室蔬菜生产中，夏季室外温度较高，通过放风使温室空气与外界得到充分的循环，二氧化碳水平与外界差别不大甚至更高，此时蔬菜生长所需的二氧化碳能够得到满足，蔬菜正常生长。但在冬春季节，北方地区室外温度常常达到－25℃以下，温室无法放风，蔬菜吸收二氧化碳后得不到新鲜空气的补充，便极大地限制了植物的生长。要想让温室中冬季蔬菜作物生长快、产量高，必须对温室内的蔬菜作物补充二氧化碳。

温室蔬菜生产中，补充二氧化碳主要有以下几种方法：

（1）施入大量有机肥。利用有机肥在土壤中的分解发酵，每天可以向温室释放出二氧化碳。以面积1亩的温室计算，如果要得到充足的二氧化碳补充，腐熟的有机肥用量应达到1亩地15立方米。

（2）秸秆反应堆。秸秆反应堆是指在温室作物的两行之间挖成沟，将秸秆粉碎铺进去，然后在秸秆上面撒上发酵菌液，这些秸秆埋到地里和有机肥的作用一样，在分解过程中可以产生大量的二氧化碳气体，同时也可以发酵产生热，提高温室的地温。

（3）使用二氧化碳发生器。二氧化碳发生器以碳酸氢铵为原料，向温室中释放二氧化碳气体。（见使用说明）

（4）使用干冰。干冰是固体二氧化碳，干冰气化可以向温室释放二氧化碳。作物生长期1亩地温室每天需补充干冰2.5～5千克，只需将干冰放到温室里，常温下就会自动释放出二氧化碳气体。

冬季在温室释放二氧化碳气体，不仅是为了作物生长的需求，还可以补充光照的不足。冬季温室中光照时间比较短，上午的10:00—15:00，仅仅有5个小时的光合作用时间，如果二氧化碳的浓度非常高，冬季温室内的5个小时，就相当于夏季的8～9个小时。这样，茄果类蔬菜就可以顺利地结瓜结果，否则，尽管温室的温度适宜，由于光照时间不够，黄瓜、番茄等瓜果类蔬菜结瓜结果也会非常少。

二、有害气体

1. 氨气和亚硝酸气

氨气和亚硝酸气是温室中常见的两种有害气体，氨气大家比较熟悉，亚硝酸气化学名叫二氧化氮，是氨气与土壤结合后经过复杂的氧化过程，遇到强酸性环境后从土壤中逸出的气体，对作物特别是黄瓜危害较大。

氨气和亚硝酸气的主要来源有以下两种：一是没有发酵好的农家肥。未完全腐熟的农家肥在发酵的过程中，会产生氨气和硫化氢等有毒气体，特别是鸡粪，如果没经过发酵直接进入温室就会引起植物的中毒。所以，温室中施入有机肥必须是经过发酵的。二是温室中施用碳酸氢铵过量或者施入大量的没经过稀释的沼液，也会形成亚硝酸或氨气等有毒气体。

2. 含苯有毒气体

温室中危害作物的有毒气体除氨气之外，还有含苯的气体。通常，在温室中涂抹油漆、使用胶水等化学物质的时候，会放出含苯的有毒气体。

3. 硫化氢气体

硫化氢是一种具有臭鸡蛋气味的有毒气体，毒性剧烈，少量即会对人畜及作物造成危害。在生产中，玉米、豆类等高蛋白肥料在土壤中发酵会产生硫化氢气体，它主要危害植物的根系。硫磺熏蒸剂使用过量会产生硫化氢气体，使叶片发白、死亡。

4. 典型案例

下面我们来看几个有毒气体危害作物的例子。

（1）黄瓜氨气中毒

2000 年，在乌兰察布市集宁区小贲红村一位农户的温室中，黄瓜萎缩不生长，表现为叶缘上卷、轻微皱缩、花叶、黄叶、叶片无光泽。笔者了解到，该农户在温室中施入了没有发酵的牛羊粪，半亩施入 10 立方米左右。此时黄瓜已经定植。也就是说，生粪发酵产生的氨气使黄瓜发生氨中毒。在笔者的技术指导下，农户采用勤浇水、大放风的方法缓解牛粪发酵产生的氨气，半个月时间浇了 4 次小水（半亩地一次浇 10 吨左右，即 1 寸（1 寸≈0.033 米）水），使黄瓜慢慢恢复了正常生长。

（2）生鸡粪施肥死苗

2007 年，在呼和浩特市赛罕区前不塔气村、合林村，农户温室里的黄瓜和辣椒苗发生了死苗。笔者观察到，死苗的迹象和生羊粪中毒一样，只是比前者更严重，已经有一部分苗枯死。不仅是新育的苗在逐渐地死去，而且定植后的大苗同样发生不缓苗、苗萎缩的情况。原因是农户在基肥里大量使用了没有发酵腐熟的生鸡粪。因为鸡粪的含氮量比牛粪高，生鸡粪在发酵过程中会产生更多氨气，引起更严重的氨中毒，经过放风浇水仍然没有缓解，最后全部死亡。鸡粪中毒抢救无效的事件之后又连续发生多次，事实证明，没经过腐熟的农家肥用到保护地中都会不同程度地引起作物中毒。

生鸡粪造成的死苗是无法救治的，其他生粪中毒我们可以通过浇水放风来缓解发酵过程，对小苗进行救治，这和大田作物有区别。大田作物用的粪量少，比较分散，造成的危害小，不突出。在保护地里，由于施肥量比较集中，用生粪施肥，危害重损失大。

（3）碳酸氢铵过量致作物中毒的分析与处理

碳酸氢铵简称碳铵，含氮量 17％左右，为生理中性速效氮肥，易潮湿、易结块、较易溶于水。在保护地蔬菜种植中，如果碳酸氢铵施用过量会对作物产生什么样的影响呢？我们先来看一个例子。

1996 年，在乌兰察布市察右前旗三城局乡罗家村一位农户的黄瓜大棚里，黄瓜苗叶面发黄，叶边缘开始出现萎缩。据了解，这个大棚面积约200平方米，在播种前，一次性施用了100千克碳酸氢铵。

碳酸氢铵能够为植物补充氮素，氮素是蛋白质的主要成分，在植物生命中是最重要的元素，被称为生命元素，其含量占蛋白质总量的16%～18%。它的作用主要有3种：一是细胞质、细胞核和酶的组成部分；因为细胞内这三部分都以蛋白质为主要物质；二是以氮素的形式存在于作为遗传物质的核酸、构成生物膜的磷脂和叶绿素等化合物中；三是组成某些植物激素、维生素和生物碱的成分。

氮元素被植物根系吸收后，立即开始进行有机合成。但在合成之前，首先要进行两步还原作用：第一步，是在硝酸还原酶的作用下，将硝酸盐还原成亚硝酸盐，其还原作用一般在细胞之中进行；第二步，在亚硝酸还原酶的作用下，使亚硝酸盐还原成氨。此还原作用一般在叶绿体中进行。氮在参与有机合成的过程中首先与叶片的光合产物进行化合，成为氨基酸。因此，氮的吸收与植物体的光合作用有着相互促进的关系，即当植物体的氮素营养正常时，在保证叶片光合作用的条件下，施用碳酸氢铵是补充氮肥的一种方法。

但是用碳铵补充氮素之后，会迅速地产生两个副作用：一是碳铵在高温下迅速分解产生氨气，不仅使氮素流失，而且过量时作物会出现氨气中毒；二是碳铵进入土壤会改变土壤的酸碱度。碳铵与土壤结合后，在分解前期，此时碳铵的总量大，亚硝酸盐的分解量较少，这一时期土壤碱性会提高；随着分解过程的进行，碳铵总量不断减少，土壤里碳酸根增加，酸性渐强，土壤又呈现出酸性，就会造成小苗的大面积死亡。

针对罗家村黄瓜的这种情况，笔者采取了两项措施：①利用氨气水溶性好和碳酸氢铵也较易溶于水的特性，增加灌溉量，使空气中的氨气溶于水，缓解中毒现象。大水浇灌的同时，把碳酸氢铵渗透到地下，避免进一步分解。②加强放风，及时排除一部分氨气，同时也可以降低棚内温度，减缓分解速度。经过上述两项措施的处理，7天后，因为氮素过量得到有效化解和控制，黄瓜苗的病情逐步缓解。

黄瓜结瓜后发生氨气中毒应该怎么处理呢？我们看一个例子。

1998年春天，笔者在乌兰察布市集宁区马莲渠乡霸王河村一户农民家的温室黄瓜进行了二氧化碳施肥的实验。二氧化碳施肥是指用碳酸氢铵和硫酸进行配比释放二氧化碳，以增加空气中二氧化碳含量，从而促进作物光合作用。这次实验产生了一个奇怪的现象，即用碳酸氢铵和硫酸反应释放二氧化碳后，10天左右时间，黄瓜秧开始表现出生长加快的现象，生长状态良好。但在14天后，在黄瓜的棱沟处（黄瓜虽然没有明显的棱，但在生理上存在一个棱），筋开始收缩，棱发黄，棱出现了很窄很细的一条黄线，歪歪曲曲的镶嵌在黄瓜的瓜条上面。又过了几天，叶片开始出现湿黄（发黄但是不干燥），很像病毒病的湿黄现象。

这个现象提醒我们有可能是二氧化碳发生过程中出现的氨气造成的中毒现象。按照这个思路，我们继续进行实验，加大硫酸反应里水的成分，按1：10的硫酸稀释比例，结果氨气中毒现象明显得到了缓解。这证实了二氧化碳释放的过程中氨气如果逸出，会出现作物中毒现象。这件事也提醒我们，在二氧化碳施肥中，如果有氨气逸出，必须进行水过滤处理。

第二节　冬季温室蔬菜生产二氧化碳施肥技术

近年来，华北地区温室建设发展迅速。2011年仅内蒙古乌兰察布市就新增设施蔬菜1.23万亩，其中日光温室5 189亩，大棚7 138亩，设施蔬菜总面积达到13万亩。设施蔬菜在黄瓜、番茄、叶菜类传统品种种植的基础上，较大规模地向食用菌、樱桃、草莓等高附加值的品种延伸，有效提高了种植效益。

高寒地区（北纬40°以上地区）在日光温室中进行冬季茄果类蔬菜生产比较困难。经过分析，主要有以下几方面原因：一是目前在北纬40°地区保温性能比较好的温室在12月至1月极端低温期间也只能保持在−3℃到0℃。而茄果类蔬菜要求的温度是8℃以上。二是温室中缺乏足够长的光照时间，也就是有效的光合作用时间不够。通常情况下，北纬40°地区冬季晴天每天有效光合作用时间为5个小时左右，而茄果类蔬菜正常开花结果需要6小时以上的光照时间。第三，温室中的二氧化碳气体不足。二氧化碳气体是影响作物生长的重要的因素，它是植物进行光合作用的主要原料，不仅影响作物的光合作用效率，而且影响光能和温度的利用率。如果二氧化碳不足，即使有足够的温度和光照时间，那么茄果类蔬菜也无法进行冬季生产。所以二氧化碳对日光温室冬季茄果类蔬菜生产有着极其重要的作用。温室作物正常生长要求的二氧化碳浓度是 500～1 000 毫克/升，而大部分冬季温室中由于通风换气比较少，二氧化碳浓度往往低于 200 毫克/升。

于是，如何提高北方地区冬季温室二氧化碳浓度问题成为笔者的研究课题。

1997 年，在乌兰察布察右前旗三城局的罗家村，笔者进行了番茄二氧化碳施肥的实验。罗家村距离集宁市区约 8 千米，全村共有 57 户人家，村中有一条常年流水的小河，这在水资源并不丰富的乌兰察布地区是十分可贵的。1995 年，我们抓住这一有利资源，组织动员了 40 多户农民，在河两岸的乱石滩建了 42 座日光温室。两年来，这个村子中几乎每一户农民都有了自己的温室，个别农户还发展到了两座温室。1997 年，每亩温室的纯收入达 10 000 元。在当时，这样的收入水平吸引了更多的农民进行温室种植，这就为二氧化碳施肥实验打下了基础。当时，罗家村农民贺美盛种植了温室秋茬番茄。贺美盛家的温室保温状况并不理想，在这样的温室里种植秋茬番茄应该在 7 月中旬以前完成定植。由于各种原因，这户农民推迟了一个月种植。到了 10 月下旬，这户农民家温室番茄的第一层果才长到转红，第二层、第三层果才刚核桃般大小。在乌兰察布地区，11 月 10 日就到了温室番茄生长的最后时期。10 月下旬，天气已经开始转冷，番茄的膨大速度放缓，20 天内难以形成产量。心急如焚的贺美盛找到了笔者，让笔者帮他解决这个问题。

根据我们以往的经验：提高温室中的二氧化碳浓度，可以使果实迅速生长。在这种情况下，我们在温室中利用瓦罐，将碳酸氢铵和硫酸按照比例混合进行二氧化碳释放。

以面积为 4 分地的温室为例，具体操作方法是：

每天晴天上午 9:00—10:00 释放一次二氧化碳。首先，将 3 千克碳酸氢铵和 1.5 千克浓硫酸分别平均分成 6 份，取 6 个瓦罐将浓硫酸稀释成稀硫酸后加入碳酸氢铵进行化学反应。初步估算温室内二氧化碳的浓度可达到 2 400 毫克/升。

在这里有两个事项需要特别注意：一是稀释浓硫酸。浓硫酸与碳酸氢铵直接反应会发生爆炸，因此必须要先将浓硫酸稀释。将浓硫酸沿着引流棒（容器壁）注入水中（此处必须是浓硫酸加入水中，不能相反！），硫酸和水以1：4的浓度进行稀释，用稀释后的硫酸和碳酸氢铵进行反应。二是将碳酸氢铵封包打孔后投入稀硫酸中。放碳酸氢铵时，不能直接放入粉末，反应太剧烈会发生爆炸，而是在塑料包上面扎几个孔，使反应能够完全均匀。

经过半个月的二氧化碳释放，番茄三层果基本快速膨大成熟变色，收到了良好的效果。用高浓度的二氧化碳使番茄获得了高产，这是我们在栽培上取得的重要进展。

罗家村的事例为进一步探索二氧化碳发生器打下了良好的基础。2007年，笔者又在乌兰察布市丰镇市工业园区进行了温室黄瓜二氧化碳施肥实验。

丰镇市位于乌兰察布市中南部，河北省、山西省、内蒙古自治区三省区交界处。2007年10月，我们帮助丰镇市工业园区化工厂建了两栋温室。这两栋温室的结构设计基本符合标准要求，即前屋面角度40度左右、温室下卧40厘米。同时，充分利用化工厂废弃的热水，设计了温室栽培床下20厘米的热循环系统，将热水通过PVC管通入循环系统进行循环。这样的设计使温室在冬季也可以保证白天室温达到30℃，地温达到20℃；夜间室温、地温都不低于15℃。这样的温度条件完全符合栽培茄果类作物的要求，于是温室的技术负责人决定在冬季种植黄瓜。2007年12月23日，当我们走进温室时，只见黄瓜已株高1.5米，叶片浓绿且长势喜人，一行人顿时要求温室负责人康德请大家吃新鲜的黄瓜。但康德的介绍却出乎我们的预料，他说：虽然种了二分地的温室黄瓜，但黄瓜却只长叶片不结瓜，除了放风口结了两条黄瓜外，其他地方都不结瓜。有的小黄瓜在长到5～6厘米时，就开始黄化、软化，然后脱落，他请了很多专家进行蘸花、防落处理等，但都没有效果。这让笔者联想到1999年元旦期间，在山西省大同市朔州一个采煤部队后勤部的温室里看到的种植黄瓜的情景：当时温室里的温度非常理想，但就是不结瓜。可以断定，这两种相同情况的发生绝不是偶然，因为朔州和丰镇市直线距离只有136千米。

经过对丰镇市各项生态因子的分析，我们认为：由于丰镇市冬季有效光照的时间较春夏季短，晴天时每天的有效光合作用的时间仅有 4—5 小时，光合作用产生的营养物质只能维持营养体的生长，无法繁衍结果。因此，笔者得出的结论是：北方地区的冬季设施农业限制因素除温度外，还有光合效率、光照时间等。为了提高光合效率，我们决定给温室补充二氧化碳，提高二氧化碳浓度。

从 1995 年起，市场上有很多推销能够释放二氧化碳的产品，但由于存在成本高或操作烦琐等各种问题，都无法实现在全国推广。因此，我们开动脑筋，自己动手，采用热分解碳酸氢铵的方法制作了一台释放二氧化碳的设备。根据基地的现有条件，我们先用金属做了一个发热盘，下面放发热器，将碳酸氢铵倒在发热器上进行分解。分解后的气体用水过滤，利用氨气易溶于水、二氧化碳的水溶性差的特点，将氨气转化为氨水当氮肥利用，二氧化碳释放到温室中，为作物光合作用提供原料。理论上这一措施应该可以解决目前的问题。于是，从那时起我们开始了这一技术的应用。2007 年 12 月 29 日，也就是我们在温室里施用二氧化碳肥料的 7 天后，很快二分地的黄瓜棚就结瓜 30 多千克，比起施肥之前产量翻了几十倍。

随后几年，我们在乌兰察布市、呼和浩特市等地区做了许多验证二氧化碳施肥技术效果的实验。2009 年冬，在呼和浩特市土默特左旗（以下简称土左旗）昌德和公司的一个温室中，茄子生长速度十分缓慢。为了检验二氧化碳施肥技术对这一状况的改善效果，12 月 1 日，我们在这个温室中进行了实验。实验方法是：用塑料膜将温室分为密闭的面积相等的两部分，每部分大约 0.2 亩。在实验区域用二氧化碳发生器每天施放浓度约 2 000～2 500 毫克/升的二氧化碳，对照区域不释放二氧化碳。到 12 月 9 日，连续 9 天施用后，科技人员现场测定实验区域茄子增产了 50％ 以上，结果令人震惊。这一实验极大地振奋了实验团队，为此我们在二氧化碳施肥技术上，加大了研究和投资力度。

乌兰察布市农艺推广研究员智广俊曾认为，能够将农产品产量提升 50％ 的技术在农业领域是不存在的。为此，他亲自对茄子样地进行勘察，将茄子每一畦依次进行了对照测定。事实说服了他，他发现使用过二氧化碳发生器的一畦地（宽 1.2 米、长 8 米）茄子产量为 12 千克，而没施用过二氧化碳发生器的一畦地的产量是 6.5～7 千克。为了获取更多的增产数据，智广俊随即又开展了第二轮测定，结果仍然显示使用了二氧化碳发生器技术的茄子确实增产在 50％ 以上，事实让这位专家心服口服。

我们将这一技术应用在宁夏回族自治区中卫市的沙漠温室，同样取得了非常好的效果。进一步证实了使用二氧化碳施肥技术确实能实现低成本、高增产的目的。

通过不断探索和研究，笔者最终发明了不用浓硫酸、成本低的二氧化碳发生器，并且在冬季茄果类作物生产上取得了增产 50％ 以上的理想效果。

上述事例证明了温室二氧化碳施肥对于解决乌兰察布市乃至我国北方地区冬季温室蔬菜生产光合作用时间短和二氧化碳不足的问题具有极其重要的作用。二氧化碳施肥不仅能保证冬季温室作物的正常生产，同时也能保证作物的商品率，这在乌兰察布的农业生产领域具有重大意义。2007年，该技术被国家行政学院许正中教授定名为"碳施肥技术"。目前，新型"CO_2 发生器"已完成专利开发，2010 年 10 月 1 日，二氧化碳发生器批量投入生产使用。

第三节　二氧化碳发生器使用说明

一、产品说明及使用原理

（1）CO_2 发生器是以碳酸氢铵为原料，通过 CO_2 发生器的分解，产生纯净的 CO_2 气体，用于温室作物的光合作用；产生的氨气转化成液体氮肥，用于作物的根际施肥。

（2）它以成本低、操作简便、不产生任何对作物有害的物质、增产显著为主要特点，是符合中国农民种植业生产实际的现代化科技产品。

（3）半亩地的温室内，CO_2 发生器内加入原料 2.5 千克，可使 CO_2 气体浓度达到 800 毫克/升。在作物结果期连续使用不少于 10 天，可增产30％ 以上；其他时期使用，生物增长量可达 50％ 以上。如果每天使用 5 千克效果更明显。

二、各部件名称（图7-1至图7-5）

反应腔
一级过滤器
二级过滤器
三级过滤器

图7-1 CO_2 发生器整体

压阀盖
排气管口
腔体
智能开关
控温开关
电源接口

图7-2 反应腔各部件名称

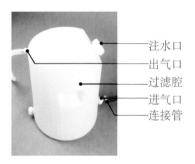

注水口
出气口
过滤腔
进气口
连接管

图7-3 一级过滤器各部件名称

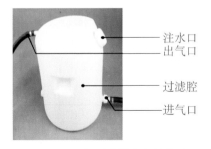

注水口
出气口
过滤腔
进气口

图7-4 二级过滤器各部件名称

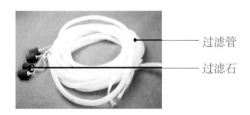

过滤管
过滤石

图7-5 三级过滤器各部件名称

三、使用方法

1. 安放

温室大棚在使用 CO_2 发生器之前，先找出一处与作物分隔的平稳干燥处（如侧面的控制室）用来放置 CO_2 发生器。拆开包装，将 CO_2 发生器各部件取出，以不漏气为标准，将一级过滤器上的连接管接在反应腔的排气管口上。

2. 注水

（1）通过一级过滤器和二级过滤器的注水口，向过滤器中注水，注水量为水桶容积的 1/2。

（2）准备一个水盆放置在大棚中间，将长过滤气管尾端的 4 个吸附石放在水盆内，向盆内注水，水面要淹没 4 个吸附石（图 7-6）。

图 7-6　注水

3. 加入原料

（1）拧开压阀盖，用宽口漏斗向反应腔内加入纯净的碳酸氢铵 2.5 千克左右，严禁在碳酸氢铵中加水或其他杂质混合加热，影响 CO_2 气体释放效果。

（2）在加入原料的过程中，如果有原料撒在反应腔体上，需要用干抹布或者卫生纸擦干，避免这部分原料分解，危害人员或作物的安全。

（3）原料添加妥当之后，检查是否有原料附着在与压阀盖对应的接口处，若有需要用干抹布擦干，以免影响盖口的严密性，导致气体未经过滤直接从盖口泄漏。

（4）用清水冲洗一下压阀盖，保证压阀盖的清洁与严密。

（5）拧紧压阀盖。

4. CO_2 发生器释放 CO_2 气体

（1）接通电源，打开两个控温开关和红色正方形的智能开关，反应自动开始，CO_2 发生器将自动控制温度进行 CO_2 气体释放，直到反应完毕 2 分钟后机器自动断电。

（2）反应开始后，如果闻到空气中有刺激性气味，需要关闭两个控温开关，停止加热并检查机器的严密性，如各连接管是否严密、盖口是否拧紧、是否有杂质堵塞管道等。重新连接，如果还有气体泄漏，需要联系厂家进行维修。

5. 分解完毕

分解完毕，负压阀自动调节气压，静置 2 分钟后，机器自动断电。

6. 连续使用

（1）必须等到腔体冷却后，才可继续使用 CO_2 发生器释放 CO_2 气体，重复步骤 3。

（2）在 CO_2 气体发生过程中，一级过滤器内的水位线会逐渐增高，连续使用发生器 3 次之后，一级过滤器内的水已经转化为氨水，稀释 200 倍后作为氮素浇地追肥。

（3）二级过滤器内的水位线会逐渐下降。连续使用发生器 5 次之后，二级过滤器内需要补充水或直接换水，水位线达到整体容积的 1/2。

7. 使用完毕

使用完毕之后，等到腔体彻底冷却，确保无残余气体泄漏时，将长过滤管盘好，同时排出反应腔、各个管道以及过滤器内残留的液体，避免结晶结冻现象出现，影响机器使用寿命；用清水将压阀盖冲洗干净后拧在反应腔对应盖口上，拔开连接管；将发生器在干燥处妥善放置，以备下次继续使用。

四、安全注意事项

（1）使用 CO_2 发生器需要光照充足且温度达到 15℃，阴天或阳光缺乏的时段使用效果欠佳。

（2）每次在使用发生器之前，检查管道内是否通畅无杂质，有无结晶或结冻现象。管道堵塞时，气体会从压阀盖泄漏；结晶是由于残留的原料冷却造成的，适当加热即可分解；结冻现象是由于有残留液体，在每次使用完毕之后，必须排除残留液体，延长管道的使用寿命。

（3）CO_2 发生器原料为纯净的碳酸氢铵粉末，严禁加入水或者其他杂质混合加热，影响 CO_2 气体释放效果。

（4）反应腔、一级过滤器、二级过滤器必须与棚内作物隔离放置，避免机械因日久磨损产生氨气的泄漏，危害作物生长。

（5）电源电压为常规的 220 伏，要求不得低于 200 伏，否则影响机器的正常启动。

（6）反应腔内一次加入 2.5 千克碳酸氢铵，耗时 100 分钟左右。

（7）向一级过滤器与二级过滤器内注入的水量为过滤器整个容积的 1/2，反应过程中两个过滤器的水位线有不同的变化，参照使用方法第 6

条，及时调整水量，过滤器内的水量不能低于进气口，否则过滤器失效。

（8）保持压阀盖的清洁严密性，每次使用前后要用清水冲洗，并拧在反应腔上，避免反应腔内进入杂物。

碳施肥技术获国家发明专利证书见图7－7。

图7－7　碳施肥技术获国家发明专利证书

第八章 蔬菜的水分管理

在农作物中蔬菜是需水量最多的一类作物。蔬菜的含水量都在90%以上，在整个生长过程中都需要充足的水分，科学的水分管理是抓好蔬菜生产的关键要素。

第一节 蔬菜苗期水分管理的普遍规律

1. 播种期

对于蔬菜作物来说要抓全苗，在播种环节就必须有充足的水分。一般地，在土壤中播种需要将土壤用大水灌透，待土壤能够翻地的时候再整地作畦，只有这样才能够保证播种后出全苗。如果在播种的时候水分不足，种子发芽就会出问题。一是浇了水以后地表结成硬壳，这个硬壳会使很多种子不能顺利出土。二是在蔬菜种子发芽时，地温相对要求比较高，浇水时要求水温保持在20℃左右，如果突然浇很凉的凉水，虽然种子也会发芽，但会使种子受到伤害。所以在播种前，如果是在土壤中播种，要浇大水。所谓浇大水就是浇水量达到1亩地30吨以上。从经验上看，就是浇完水之后地表的水层达到10厘米左右，完全渗入到土壤中才能保证种子出全苗。

2. 育苗期

如果是无土育苗，一般种子时期应每天喷一次水。天气炎热时，每天需喷2～3次水，要使种子始终保持水分充足的状态。

3. 幼苗期

一般的蔬菜作物在苗期，也就是出苗以后，浇水的次数要根据土壤类型的不同而不同，但是总体要求是要保持苗期土壤的湿润。在浇水时还要注意不能出现的两种情况：不能浇太凉的水，以免地温过低，致使小苗出现沤根；过粘的土壤浇水后，土壤会不透气。因此在粘质土播种的时候尽量浇充足底水，保证苗期土壤的湿润。

水肥一体化苗床见图 8－1，旋转式苗床见图 8－2。

图 8－1　水肥一体化苗床

图 8－2　旋转式苗床

第二节　蔬菜田间生长期的水分管理

在番茄、辣椒等茄果类蔬菜的苗期，既要注意保持土壤的湿润，又要防止小苗在高湿度高温条件下的茂长。一般在底水充足的条件下，苗期只浇1～2次水，即使需要补水也不能浇充足的大水以免造成徒长。以黄瓜为例，如果底水充分，苗期只能浇一次水，最多浇两次水。在苗期的时候如果茄果类蔬菜的水分过大、温度过高，苗的根系就会发育不良，稍微干旱一点有利于根系的发根。

茄果类蔬菜定植以后，必须要有充足的水分。在春天定植，充足的水分往往和地温形成矛盾，既栽上苗又浇灌了充足的水分，地温就容易大幅度下降。所以，在春天蔬菜苗定植以前的一周或者10天，就要给土壤浇水，然后再整畦翻地、挖坑，保持土壤的湿度，提高土壤的温度。比如说，可以先将定植坑挖好，让太阳照射，等到坑的温度提高了再往坑里栽苗。苗栽进去以后，因为有前面浇大水的基础，只给少量缓苗水就不需要再给定植的苗浇大水让它缓苗，在天气冷的时候可以逐窝的浇水。再就是在温室里建蓄水池也可以提高水温。水从井里面抽出来时温度一般是10℃左右，当水在温室蓄水池提前晒3～5天，水温可以提高到16～17℃，用这个温度的水来浇苗就能保证小苗的正常生长。

茄果类作物缓苗期浇水地表会出现板结。因此，缓苗10天后，在小苗发出新叶时要对土壤进行一次疏松，也就是锄地。但是第一次锄地不能锄得太深，因为小苗刚刚蹲根，根系害怕伤害。锄一次地后，让小苗缓一阶段，再浇一次水，浇完水待小苗全部缓过来了就要进行一次深锄地。这次深锄要锄到10厘米左右深，以增强土壤透气性，另外通过锄地也刺激了小苗发新根。通过这次锄地，黄瓜、番茄就进入了开花期。

茄果类作物的开花期水分管理非常关键，既不能干旱也不能给予太过充足的水分。过于干旱小苗的生长就会受到抑制；而水分过于充足小苗会出现沤根。拿黄瓜来说，当第一条瓜长成、并且有2～3条快长成的时候才能浇水施肥，浇水主要使用尿素浇水。番茄需到第一盘果长到鸡蛋大小才能够浇充足的水，否则就会造成番茄和黄瓜的茂长。不仅花少，硕果也少，而茎叶却很茂盛。所以这个时期必须严格控水。

控水的标准是什么呢？在这个时期，如果在中午 12:00 左右叶子开始发蔫、下垂，下午还能够恢复原貌，一般来讲生长是没有问题的。如果上午 11:00 的时候叶子就开始发蔫，这说明缺水过分。这时候不能大水漫灌，也不能充足的给水，只能给每一植株浇一点水，或者采用膜下滴灌稍微湿润一下土壤，让它恢复一下生长，直到果实达到标准才可以给较大的水。并且，每浇一次水都要追施尿素和硫酸钾，一般 1 亩地每一次浇水可以追 10 千克尿素、5 千克硫酸钾，让作物始终保持充足的水分。

在水分管理上，浇水的时间和气候有重要的关系。在春季和秋季温室的管理中要尽量的在早上浇水，因为早上浇水以后经过一天太阳的照射，到了晚上地温会得到恢复；在晚上浇水又浇了凉水，地温会非常低，一直处于冷凉状态的地温对小苗会产生不良的影响。如果是在夏季天气非常炎热的时候，浇水还可以起到降温的作用，因此夏季可以在下午或者晚上给作物浇水。浇水和气候有很大的关系，如果浇完水就是阴天，会使棚里的湿度增高，作物容易得病害，因此浇水要选择连续的晴天。在天冷的时候，选择晴天的上午浇水是比较理想的。

近年来，我们应用了许多节水技术，比如说膜下滴灌这项技术，即用很少的水量，也可以使温室的湿度通过地膜覆盖得到控制。所以这项技术应当在温室中得到普遍的应用，它和蓄热罐技术一起使用会起到很好的效果。蓄热罐是一种外表使用黑色吸热材料制成的罐子，容积 1 立方米左右，蓄水后很快吸热，2 天时间水温可以从 4℃ 提高到 36℃，通常使用滴灌 1 亩地只需要水 2 立方米，用蓄热罐里的水滴灌不仅省水，还有提温的效果。

第三节　典型案例分析

一、黏地育苗水不下渗的处理

不同类型的土壤对水分的要求不同，特别是黏地土壤，由于其土壤颗粒小，土壤的透气性较差，水分过大极易造成作物沤根，在乌兰察布市化德县的蔬菜温室里就发生过这样的情况。

2002 年，在乌兰察布市化德县的两个蔬菜温室大棚里，笔者发现育苗畦的水不下渗。一般来说，温室大棚的蔬菜在播种后苗盘都要放到育苗畦然后往畦里灌水，并且水灌得越多越好。等到水完全渗下去以后，形成耕作层长时间的潮湿环境对出苗有利。这一过程看起来十分简单，但在灌水之前若不对育苗畦的基础土壤状况进行基本的了解就会出现问题。即：如果土壤的渗水性能不好，灌水后很长时间水不下渗，就会造成水分不均衡，严重时还会发生泡苗现象。针对这个问题，我们进行了观察分析发现：化德县的这两个温室育苗畦呈南高北低的状态，因此，在给小苗浇水的时候北边的水总比南边多，加上南边日照强、温度高，很容易造成干旱，经常需要给水。这样的恶性循环造成了北侧水分下渗速度缓慢，发生小苗沤根等各种死苗现象。因此，我们得出的结论是，在育苗过程中，基础水分的均衡一定要作为一项技术指标进行衡量，避免不必要的损失。

二、"丸粒"种子的水分管理

"丸粒"种子是指采用机械或手工制作将种衣剂均匀包覆在种子表面的再加工种子。种衣剂由一定比例的杀虫剂、杀菌剂、复合肥料、微量元素、植物生长调节剂、缓释剂和成膜剂等多种成分复配而成，在种子表面形成一层光滑、牢固的种子外壳，厚度 0.5～1 毫米。种子"丸粒化"后易于机械化播种，成活率也明显优于普通药剂拌种，主要表现在综合防治病虫害、药效期长（40～60 天）、药膜不易脱落、不产生药害等多个方面。但是，必须把握好管理水分上的差异，否则就会出现出苗不齐、出苗晚等问题，从而给蔬菜生产带来不必要的损失。来看一个例子：

2012 年，在乌兰察布市化德县的温室中，大白菜丸粒种子播种后有的出苗不齐。笔者现场打开丸粒种子发现，没出苗的种子种壳半湿，而刚发芽的种子则刚刚吸水就枯死了。

事实上，丸粒化种子与普通种子在播种上有本质的区别：普通种子直接接触湿润的土壤，依靠细胞生长萌动主动去吸收土壤中的水分便可正常发芽、生长；丸粒化的种子在进入土壤以后，由于包裹外层隔绝了种子与水分的直接接触，它的吸水能力比较弱，因此水分不充足，包裹外层不能迅速溶解，包裹里层的种子就接触不到水分。此时如果水分供应不及时，不仅会造成种子出苗晚，而且由于吸水条件不充分，还会使一些种子变成"吊种"。一粒普通的种子，即使土壤中含水量极少（含水量可以低至40%），也可以自动吸水；而一粒丸粒化的种子，必须使丸粒化表层溶解以后，让种子接触到水分，才能正常地发芽，而且溶解速度不能太慢。所以在丸粒化种子的水分管理上，要特别注意在播种后30分钟给种子补充充足的水分，使土壤含水量达到90%左右，保持10～30分钟的充分吸水过程，这样才能够使种子正常出苗。

图8—3　丸粒化种子更便于机械化播种

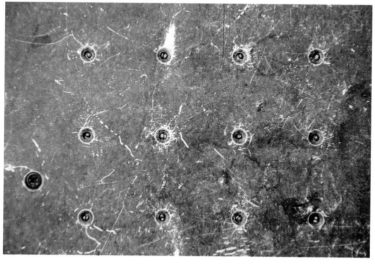

图8—4　丸粒化种子采用机械播种，能够大大节约用种量降低生产成本

第九章　蔬菜的病虫灾害防治技术

蔬菜作物的常见病害主要有病毒病、细菌性病害和真菌性病害 3 类。这 3 类病害中，每一类病害均含有若干个具体病症，在防治中，首先要把 3 类病害区分开。

第一节　细菌性病害

对细菌性病害进行甄别就要掌握细菌性病害的表现特征和发生规律。

一、细菌性病害的甄别

细菌性病害的共同表现有几个方面：

细菌性病害产生的病斑都比较碎而小，像小米粒或绿豆粒大小。细菌性病害的病斑叶背面在早晨呈现出不透明的水珠，或者是菌脓。在气味上，细菌性病害主要是有臭味，会发生腐烂。

细菌性病害在蔬菜上主要发生以下几种：黄瓜细菌性的角斑病多发生在 4 月初；芹菜、洋葱、大白菜等蔬菜的软腐病都在 7、8 月份这个阶段发生，在夏季发生比较多的是辣椒和番茄的青枯病。

细菌性病害发病的条件也需要温度和湿度，湿度较大、温度相对较高就可能引起病害的发生。

二、细菌性病害的防治方法

对于细菌性病害，防治措施就是叶面喷施链霉素和铜制剂，土壤中主要使用石灰消毒。在喷施链霉素的时候，要注意链霉素产生防治效果都是累加效果，所以一般要喷 2～3 次才有明显效果，用药浓度一般是 15 千克水中放入链霉素 400 万～500 万单位。而铜制剂，防止细菌性病害浓度要在千分之一。

三、大白菜软腐病的防治

大白菜软腐病是细菌性病害。主要症状是大白菜的基部发粘、腐烂，并且由外到内一层一层地腐烂。有时一部分大白菜外表正常，里面的心却已经腐烂了，之后会发展到整株大白菜全部腐烂，造成毁灭性灾害。

这种软腐病该怎样防治呢？通常采用的方法是用防治细菌的药剂，主要是在地表撒白灰、叶面喷施链霉素。但是这种方法对于大规模的软腐病已经起不到控制作用了。2009 年，乌兰察布市卓资县蔬菜大棚种植的大白菜发生了严重的软腐病。在大白菜发病现场，笔者按照每亩地 3.5 千克硫酸铜的用量，先将硫酸铜溶解，然后随着滴灌施入菜田，大白菜的软腐病得到了根本上的控制。从 2009 年起，乌兰察布各旗县市区开始推广这种防治方法，均收到了良好的效果。

第二节　真菌性病害

真菌性病害由真菌引起，是蔬菜作物中产生种类最多、危害范围最大的一类病害。这一节我们就用几个实际案例来探讨如何有效防治真菌性病害。

一、真菌性病害的甄别

真菌性病害的共同特征是产生的病斑点比较整齐而且比较大，湿度大时这些病斑的叶背面或者果面会产生霉、粉、毛等这些现象，比如黑霉、白粉、黑毛等。这类病害通常要求的温度和湿度较高。

二、番茄枯萎病的防治

1. 枯萎病的危害特征

番茄的枯萎病由番茄尖镰孢菌番茄专化型的半知菌亚门真菌引起。

枯萎病的危害特征有 3 个方面：一是在番茄结果初期，若发生枯萎病，其植株下部的叶片开始发黄，并且逐步向上发展，一边结果一边死亡；二是发病历程长，从下部叶片的发黄到死亡约为一个月。在此过程中，如果拔出番茄的根进行观察，会发现根的纵剖面管心发黑，毛根（须根）变黄萎缩；三是由于枯萎病发病过程长，叶黄的症状容易被误认为是缺肥、老化等现象，到了番茄结果中期，病害易传播到整个番茄种植区域，造成大面积死亡，最终没有成活的植株，损失极其严重。

2. 枯萎病的发病因素

枯萎病的发病因素主要有 6 个方面，一是由于多年耕作。二是土质黏质、透气性不好，特别是黏重土壤在水分多、温度低的情况下更容易发生枯萎病。三是保护地大量施用有机肥，造成土壤偏酸性。四是土壤中有一定量的线虫等地下害虫，病菌从害虫危害的伤口侵入根部危害作物。五是种子带菌、育苗用的营养土带菌、有机肥带菌，病菌从伤口侵入危害作物。六是氮肥施用过多以及磷、钾不足的田块，也易发生枯萎病。

3. 枯萎病的防治方法

在生产中，枯萎病如何有效防治呢？1997 年，笔者采用了栽培技术和药剂防治相结合的方法，取得了枯萎病防治的突破性进展。

1997 年，乌兰察布察右翼前旗白海子乡辛家村村民辛玉喜种的温室番茄发生了枯萎病。经过多方面的调查分析，我们找到了一个具有四甲基二乙基苯环结构的化学物质（商品名为噁霉灵），该结构的药剂可深入到植物的根部，治疗植物的枯萎病病害。于是笔者用这种药剂在辛玉喜家的番茄棚中进行了实验。

辛玉喜家温室面积 1 亩，用 75 克噁霉灵加水 75 千克，按每株 50～100 毫升进行灌根。与此同时，将 50 千克白灰粉均匀地撒到地表并进行锄地松土。原则上讲，当番茄长到 1 米多高的时候松土称为"害根"，是栽培上的大忌，"害根"之后，作物结果会受到很大影响。但是我们发现，当时大棚内土质板结不透气是造成枯萎病的主要原因。所以，当植物生命受到威胁的时候，为保证植物生命的安全，必经采取锄地松土的方法使土壤透气，植物才能生长、结果。

这种打破常规的做法开始试验时，当地的菜农有些担心，因此他们在一半土地上施药并松土，另一半土地只施药不进行其它处理，这就给我们留下了一个很好的对比实验现场。3 天后，在距离大棚较远的地方就发现棚内作物一半绿、一半黄。经过现场观察：一半绿的作物是施药并松土的，并且长势良好；另外一半作物是只用药没有松土的植株明显发黄，这一结果很好地证明了我们防治方法的可行性，番茄枯萎病的防治至此在乌兰察布获得成功。现在，这项技术已经被广泛推广，并应用到了其他茄果类作物上。这充分说明，减轻土壤酸度，加强透气性，同时使用杀菌剂，就能使茄果类作物枯萎病的防治取得良好的效果。

辛家村防治番茄枯萎病的启示：

第一，作物生长有一定的规律，但在作物遭受意外病虫害影响时，应打破常规、抓住症结问题、解决主要矛盾。第二，作物在得病之后，除了对作物患病部位进行杀菌处理，应特别注意对作物的生长环境的调整。如：发生叶片病害时，要注意温湿度调整；发生根系病害时，要注意根系环境的调整等。第三，根系环境的核心是土壤，而土壤环境的核心是微生物环境。所以，微生物尤其是土壤的细菌微生物在植物的根系环境中具有极其重要的作用。细菌微生物在土壤中活动的大体规律为：在土壤空气充足时，微生物会分解土壤中的腐殖质，产生营养物质，供给作物生长必需的营养元素；当土壤空气不足时，微生物的活动向土壤有机化的方向发展，这样可以使土壤速效性的养分通过细菌的有机化保留起来不流失。因此，不栽培作物时保持土壤的密封性对保持土壤地力有好处。反之，在栽培作物以后，土壤空气不充足会导致土壤的速效性养分变为复杂的大分子结构，不仅不能被作物利用，而且还会产生硫化氢，危害植物根系，很容易引起作物根系的病变。所以，用药剂防治根系病害的同时还要加强土壤透气性，提高作物生命力。枯萎病目前在全国许多地区有很多有效的防治方法，笔者对枯萎病的防治除了药剂外还采用了嫁接等技术。从长远的发展来看，枯萎病必须通过良好的土壤施肥技术，使土壤环境得到最为科学、适当的控制，同时要按照作物的轮作倒茬规律去种植。但是，作物合理的轮作倒茬受经济规律的影响十分巨大，例如某地种植某种作物一旦形成市场规模化，人们为取得经济效益就容易连年种植这种作物，所以我们在一定的市场规模相当长的时间内还要依靠嫁接、药剂防治、土壤微生物调节等方法对枯萎病进行防治。

三、甜瓜叶枯病的防治

1. 叶枯病的发病特征

甜瓜叶枯病一般发生在甜瓜的结瓜期，这个时期湿度较大、温度较高，一旦发病会形成整体发病的态势，对甜瓜的产量影响比较大。经过观察，笔者发现叶枯病在湿度比较大的情况下才会发生。例如：乌兰察布市凉城县岱海镇一农户在温室和大棚同时种植了同样品种的甜瓜。在6月中旬的时候，温室甜瓜没有发病而大棚的甜瓜却发病严重，一个重要的原因就是大棚的湿度较大而温室里的湿度较小。温室到了5、6月份白天的温度很高，地表干燥；而大棚温差比较大，地表湿度大，所以我们认为是湿度高导致了甜瓜叶枯病的发生。

2. 叶枯病的防治措施

针对蔬菜作物的叶枯病，我们主要采用两种方式进行防治。

一是采用提高温度排湿的方法。即：在大棚内浇水后不立即放风排湿，而是先闷棚升温，当棚内温度达到35℃的时候，将这个温度保持1~2个小时，使地表水分充分蒸发到空气中，然后再打开风口排风，这样会有效地减少湿度。

二是配制了新型农药进行防治。这种农药的主要成分是杀菌剂和脂膜，具体配方是：15千克水加农用链霉素500万单位、加噁霉灵10克、脂膜20克、白糖200克、尿素200克，再加上代森锰锌80克以及农药助剂3号50毫升进行叶面喷施（农药助剂3号及下文中出现的"农药助剂X号"是本书作者关慧明的发明），提高甜瓜叶片的碳氮比。叶片经过这样的药物处理后，加上采取了新的排湿方法，甜瓜的叶枯病经过3~5天恢复正常生长。

3. 典型案例

生产中，甜瓜叶枯病的发生率常常在80%以上。很多瓜农在收获第一茬瓜以后由于甜瓜叶枯病的发生，很难再继续采收第二、第三茬瓜，然而第一茬瓜只占总产量的30%~40%。面对这种情况，笔者连续两年对甜瓜叶枯病进行了防治方法上的研究和实验，取得了一定的效果。

2012年5月中旬，我们来到了乌兰察布市凉城县温室大棚的甜瓜种植基地。在这个甜瓜种植基地里，只见甜瓜的叶片没有明显的病斑，但干枯现象却很严重，主要特征是甜瓜长到株高1米左右时，根部、茎部生长正常，叶片却开始干枯。现象是病斑虽不明显，但干枯的速度却非常快，先是叶片边缘干枯，然后整个叶片干枯，3~5天内温室大棚里80%的甜瓜叶片干枯，发病率达90%，造成了保护地甜瓜的绝产和绝收。对此，瓜农曾采用各种杀菌剂进行了病理性的防治，但防治效果都不明显，不能彻底解决问题。为此笔者进行了调查研究并采取了新的方法，最终取得了一次喷药、全面解决的效果。

四、辣椒炭疽病和腐烂病的防治

湿度大、光照少是造成辣椒病害的主要原因。针对辣椒的炭疽病和软腐病，笔者采取药剂与叶面肥结合的方法进行防治，收到了很好的效果。

2006 年 7 月中旬，山西省忻州市忻府区高城乡顿村种植的约 4 000 亩露地辣椒，发生大面积腐烂落果。当时，每个植株已结果 3～4 层，有大小不等的辣椒 30～40 个，但是这些小辣椒还没有变红就开始大量烂果。从第一层开始，果实一接近成熟就开始脱落，每株损失率约为 30％。现场观察发现，每一个接近成熟的辣椒果实在其接近顶部 2～3 厘米处都有黄色环状的缢缩现象形成，像一个一个的金环套在辣椒上，并从缢缩边缘开始腐烂。发生缢缩后不久果实脱落，而植株的叶片和茎没有明显的病斑，落果量很大，覆盖了整个地面。经过初步诊断，笔者认为这是辣椒炭疽病和腐烂病真菌和细菌交叉感染所致。

具体来说，我们对细菌和真菌分别采用了不同的方法进行治疗。针对细菌用十二烷基苯磺酸钠 20 克、硫酸铜 20 克、链霉素 200 万单位加 15 千克水叶面果实喷施。针对真菌用 3 号剂 50 毫升、代森锰锌 80 克＋乙磷铝 50 克加 15 千克水叶面果实喷施。同时，结合叶面喷药给作物补充钙、钾，每 15 千克药液中加氯化钙 20 克、硫酸钾 20 克，3 天后辣椒停止落果，5 天后恢复了生长。

为什么会发生这一现象呢？笔者对忻州地区的气候条件进行了了解，忻州地区属大陆性季风气候，但又不同于西北干旱地区，无霜期 140 天，有效积温 3 300℃，土壤为粘质栗钙土，年降水量 700 毫米左右，且主要集中在 7、8 月份，雨热同季，7 月以后，辣椒田每 2～3 天就有一次降雨，田间湿度较大、有效光照时间较少，经过 2~3 次补肥、喷药后，所有辣椒恢复正常生长。类似事情 2007 年在广西也发生过，由于雨热同期，夏季雨水充沛，大面积的辣椒腐烂，损失惨重。所以，在辣椒栽培上，既要做到有效地防病，又要有防雨措施，最好选择雨水少、年有效积温在 3 000 度以上、阳光充沛、有地下水浇灌的地区，这样生长的辣椒受自然灾害的影响才能减小，品质才会提高。

五、黄瓜霜霉病的防治

　　2016 年，呼和浩特市赛罕区前不塔气村农民李财元家黄瓜发生了严重的霜霉病。6 月 22 日，笔者带领技术人员武志平来到他的温室看情况，发现病菌已蔓延到顶端叶片，与细菌性病害交替发生，采用常规方法多次防治均不见效，叶片变老硬化，龙头紧抱，萎缩不长，这户农民已准备放弃这棚黄瓜。我们有了之前防治霜霉病的经验，用 3 号剂 50 毫升、4 号剂 200 毫升、杜邦的增威赢绿 5 毫升复配后兑 30 斤水给黄瓜进行了喷施。第二天又用 1 号剂 600 毫升，7 号剂 50 毫升与盐酸吗啉胍 40 克复配后兑 30 斤水进行了喷施。6 月 27 日，我们再一次来到李财元的棚里查看发现，霜霉病菌和细菌性病害已经消失，黄瓜苗长高 30 厘米，叶片平展叶色油绿，原本短缩的节恢复生长，顶端龙头张开，花完全开放。于是我们再次使用 1 号剂 600 毫升，7 号剂 50 毫升、盐酸吗啉胍 40 克复配后兑水 30 斤给黄瓜喷施。7 月 5 日，李财元家的黄瓜产量由原来发病时每次采摘 200 斤增长到每次采摘 370 斤，7 月 17 日黄瓜隔日产量已经达到 600 斤。7 月底我们前去查看，他的这棚黄瓜每次已经可采摘 800 斤，黄瓜霜霉病的防治获得成功（图 9－1、图 9－2）。

图 9－1　霜霉病的发病情况　　　　图 9－2　霜霉病的防治效果

第三节　病毒病

病毒病是蔬菜作物中比较顽固的病害，每年都会造成农作物的减产。近年来，在内蒙古中西部、河北、甘肃、宁夏回族自治区（简称宁夏）地区发生比较普遍。

一、病毒病的主要特征

作物发生病毒病，通常表现为花叶、节间缩短、叶面皱缩，整个植株看起来皱缩为一团，叶子上的皱纹特别多，叶面不舒展，同时在颜色上产生花叶。所谓花叶，并不是说叶片上有斑，而是叶片产生了褪绿。同时，叶片还会产生湿黄，表现为叶子并不发干，没有干斑，但是叶子上有一条或者一片湿润的鲜黄，这就是病毒病的基本症状。

二、病毒病的防治现状及进展

1995—2005 年，病毒病主要在温室作物中发生比较普遍，黄瓜、番茄等茄果类蔬菜发病率达到 40％以上。从 2000 年开始，露地作物相继发生大面积的病毒病，2000—2005 年，洋葱病毒病发病率逐渐提高，高发时达到 70％。2008 年起，露地南瓜和大白菜病毒病发生率也达到了 40％以上。

发生病毒以后，种植户普遍喷施病毒 A 等吗啉胍类药剂，但效果不明显，作物恢复生长十分缓慢，损失巨大。针对这个问题，我们进行了深入的分析研究，成功地配制 7 号剂。具体的使用方法是：每 15 千克水中加入病毒 A 40 克，加入 7 号剂 100 毫升进行叶面喷施，同时给作物浇水。该方法明显地提高了病毒病的防治效果。

三、7 号剂防治病毒病的应用

乌兰察布市马莲区乡霸王河行政村和小贲红行政村，从 20 世纪 70 年代末开始种植温室番茄和黄瓜，1997 年开始病毒病发生严重。特别是黄瓜病毒病发生率达到了 70％，有时整个温室里的黄瓜 90％都表现出病毒病的明显特征：花叶、湿黄、皱缩、龙头闭合、花打顶、节间缩短。

1997 年 6 月，科技人员孙德清发现小贲红行政村一户农民温室黄瓜病毒病十分严重，喷施病毒 A 后不见好转。笔者到现场调查分析后认为：病毒 A 的基本成分是盐酸吗啉胍酮类药物，但是这类药物在防治病毒病时并不能产生立竿见影的效果。笔者认为该药物可以使病毒病钝化，但是它不能够将病毒已造成的危害解除。原因是病毒阻断了光合作用的某些环节，从而破坏了植物的光合作用链，而吗啉胍酮类药物没有修复功能，所以它产生的效果不明显。因此，我们在使用病毒 A（病毒钝化剂）的同时，要对病毒病已造成的危害进行各个环节的修复，而 7 号剂就是根据这个原理制成的。根据这个思路，笔者配置了 7 号剂。把此配方药剂在农民温室中进行了叶面喷施（在药剂中加入阿维菌素防止昆虫传播病毒），具体操作是：在 1 千克水中放入 7 号剂 100 毫升，再加入病毒 A40 克，进行叶面喷施。2 天后，黄瓜叶片舒展、花叶明显减轻、节间伸长、龙头开放，植株基本恢复正常生长，收到了很好的防治效果。吗啉呱铜类药物与 7 号剂的长期配合使用在洋葱、黄瓜等大部分蔬菜病毒病的防治上也起到了明显的作用，病毒病的防治效果达 95％以上。因此，笔者认为修复光合作用链的观点与生产实践比较相符，7 号剂是适用于农业领域的有效农药助剂。

四、洋葱病毒病的防治

2012 年 7 月 10 日，在乌兰察布市商都县三虎地村，一户农民种植的 300 亩洋葱，发生了严重的病毒病。

商都县位于乌兰察布市东北部，平均海拔 1400 多米，年降雨水 300 毫米左右。商都县这户农民的洋葱于 5 月 20 日完成定植，但是 40 多天过去了，笔者实地调查发现，虽然洋葱的叶片数长到了 5 片左右，但每片都不能直立生长，叶片很细、扭曲，老百姓称为"烫发头"，并伴有条形湿黄（不干枯、鲜黄）。针对这种情况，笔者建议喷施 7 号助剂加病毒 A。喷药 3 天后洋葱叶色明显变绿，新叶部分三到四片叶已经直立生长。由于这块地病毒病发生严重，后来我们进行了第二次喷药。到 7 月 30 日，经过两次喷药，洋葱全部恢复生长，植株高度达到了 40～50 厘米。如果不进行这样的挽救，很多地块到了 8 月末洋葱仍然不能正常生长，商品率会很低（图 9－3）。这个配方在乌兰察布市和河北省的张北地区使用近千次都取得了明显的效果。

（a）洋葱病毒受灾情况

（b）挽救后的洋葱生长恢复情况

（c）西葫芦病毒病发情况

（d）西葫芦病毒病救治情况

图9-3　病毒病防治特效药剂田间防治效果实验

（国家发明专利号：201510972202.7）

五、大白菜病毒病防治

2005年以来，大白菜一直是乌兰察布市东部以及河北省尚义、张家口地区的主栽蔬菜品种之一，每年种植面积10余万亩。这一地区的大白菜在6月份开始种植，8月中旬到10月初收获。2008年之前，大白菜的生长过程中主要存在的问题是软腐病和小菜蛾等害虫的侵害。从2008年起，这一地区连续出现了大白菜病毒病导致不生心叶的问题。

2008年，乌兰察布市东部的兴和县团结乡大白菜首先出现了病毒病不生心叶的现象。兴和县地处乌兰察布市东南部，平均海拔1500米。兴和县团结乡的大白菜在进入7月初，即大白菜莲座后期，每发生一个心叶，心叶的边缘就开始发黄、皱缩，再发出来的心叶还是如此，致使白菜不能实现抽筒和包心，种植户很着急，如果这一茬大白菜不能包心，就要马上进行翻地，这样还来得及种一茬萝卜。面对这种情况，笔者进行了现场调查。对大白菜生长的土壤、水分、肥料、虫害等方面开展了全面检测，但都没发现问题，大白菜茎基部横切面也没有发现任何异常，只是心叶不具备了再生能力，排除了软腐病的可能。笔者初步判断，这是大白菜的病毒病。根据在黄瓜、番茄等作物病毒病的防治上用 7 号助剂、病毒 A 进行喷施后防治效果比较好的经验，也为大白菜配置了这样的药剂。仅过了 2 天时间，大白菜心叶开始重新生长。到了第五天，大白菜长出了第三片叶，并恢复生长能力。又经过了15 天，大白菜完全卷心，开始结球，生长正常。

第四节　虫害防治

在北方地区，蔬菜发生虫害种类比较多的是：斑潜蝇、小菜蛾、菜青虫、粉虱、红蜘蛛、蚜虫、蓟马等。地下害虫有：金针虫、蛴螬、地老虎、蝼蛄等。在育苗的时候，会有蝼蛄等危害，较难防治的主要有：红蜘蛛、白粉虱、斑潜蝇、小菜蛾这几类虫害。在防治虫害的时候，笔者采取的方法是除了对每一种虫害要对症下药以外，还要注意各种药剂的混合交替使用，因为害虫对药剂产生抗性比较快，所以要科学合理地进行复混、互配、或者混配。在防治病害上也是如此。

一、红蜘蛛、白粉病、蚜虫综合防治技术

2014 年，中国·乌兰察布冷凉蔬菜院士工作站日光温室甜瓜、黄瓜、桃树发生了严重的红蜘蛛危害。喷施哒螨灵后前 3 天较难观察到红蜘蛛活动，但 3~5 天可重新观察到红蜘蛛活动，5 天后叶片结网明显加厚，表明红蜘蛛群体虫口数量增加。此时正值夏季，甜瓜、黄瓜等瓜菜集中上市，红蜘蛛的发生影响瓜类品质，使用哒螨灵等化学农药不仅无法在红蜘蛛发生后期进行有效防治，更会造成农药残留。为了解决这个难题，笔者决心研发一种能够迅速杀灭红蜘蛛并且不会对环境造成危害的生物制剂，彻底转变红蜘蛛使用化学农药易产生抗药性的现状，实现红蜘蛛的新型绿色防控。

红蜘蛛又叫叶螨，是农业生产中危害较大的一种害虫，危害粮食作物、蔬菜、果树、花卉等，且其生存能力强、繁殖速度快、极易产生抗药性，是世界性防治难题。近年来，红蜘蛛在呼和浩特及其周边地区发生面积超过 30 万亩，且有逐渐扩大的趋势。目前，农业上防治红蜘蛛常用多杀

菊酯乳油、三氯杀螨醇、阿维·哒螨灵乳油等药物。这些药剂均依赖进口，使用时间已超过 20 年，且其成分含有有机磷、有机氯和菊酯类，均为人工合成物质，对人畜等高等动物具有一定毒性，使用不当人畜较易发生危害。以哒螨灵为例，受土壤温度影响，北方地区哒螨灵降解半衰期为72.4 天，高于南方地区 41.0 天，存在土壤面源污染风险，易造成生态环境恶化，如在作物收获期喷施会造成残留。

于是，笔者带领研发团队，通过两年的科研攻关，于 2016 年成功研制出 GC16-1（粉螨平 1 号）生物制剂，使红蜘蛛灭杀率达到 90％以上，且不产生抗药性，安全无毒，环境友好，适用于粮食、蔬菜、果树、花卉等多种作物（图 9－4）。

喷药5小时后红蜘蛛开始向叶片某一处集中　　24小时后红蜘蛛呈现聚集性死亡

图 9－4　GC16-1（粉螨平 1 号）对红蜘蛛灭杀规律探究实验

2016 年 6 月，笔者在呼和浩特市赛罕区蔬菜基地葡萄温室对 GC16-1（粉螨平 1 号）红蜘蛛防治效果进行了实验。实验选用葡萄寒香蜜品种，并设置哒螨灵作为对照，随机选取 20 个叶片分为两组进行喷施，经过对比统计，GC16-1（粉螨平 1 号）灭杀率明显高于哒螨灵，实验结果让研发团队十分振奋。同时，此次实验让我们发现 GC16-1（粉螨平 1 号）对白粉病及蚜虫的抑制作用，这为下一步的研究埋下了伏笔。

2016 年 7 月，笔者在中国·乌兰察布冷凉蔬菜院士工作站日光温室对茄子、番茄、辣椒、黄瓜、甜瓜分别进行实验，对 GC16 1（粉螨平 1 号）的有效浓度、击倒时间、灭杀效率和药效持续时间等指标进行了详细的实验检测，在黄瓜上的灭杀率达到 94％，其他作物上也达到了 90％以上（图 9－5）。

在实验中发现 GC16-1（粉螨平 1 号）对白粉病和蚜虫有防治效果以后，研究团队又分别针对蚜虫和白粉病做了详细的实验研究，选用当前农业生产

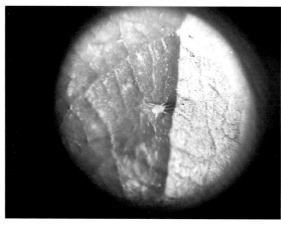

GC16-1（粉螨平1号）
红蜘蛛灭杀实验

实验时间：2016.08.08

起效周期：喷药5小时
后红蜘蛛死亡。
受药表现：红蜘蛛四肢
及触角完全伸展，腹部
紧贴叶表面，2天后变
为棕黄色。

图 9－5　GC16-1（粉螨平 1 号）红蜘蛛灭杀实验

上防治白粉病、蚜虫常用的苦参碱、卡拉生、吡虫啉、啶虫脒等化学药剂以及清水进行了细致的实验对比。数据显示，苦参碱对白粉病的抑制周期为 5 天，卡拉生对白粉病的抑制周期为 3 天，GC16-1（粉螨平 1 号）对白粉病的抑制周期为 12 天。GC16-1（粉螨平 1 号）在防治效果、药效持续时间及安全性上均表现出显著优势。在实验的基础上，由内蒙古福斯特现代农业有限责任公司组织武志平等科技人员分别在内蒙古呼和浩特市、丰镇市、黑龙江绥化市等多地进行生产领域的验证与示范，主要在黄瓜、番茄、西葫芦等作物上进行了防治效果测试，均获得成功。至此，GC16-1（粉螨平 1 号）实现了对红蜘蛛达到 90％以上，对白粉病达到 100％（图 9－8），对蚜虫也达到 90％以上的防治效果（图 9－9 至图 9－11）。

>>>>>>>> 第一实验组

左为未处理叶片　　　　防治效果近距离对比　　　　喷药24小时
右为实验叶片

图 9－6　GC16-1（粉螨平 1 号）对黄瓜白粉病的防治效果实验

发病情况　　　　　　　喷药1分钟　　　　　　喷药24小时

图9－7　GC16-1（粉螨平1号）对番茄白粉病的防治效果实验

发病情况　　　　　　　　　　喷药8天后效果

图9－8　GC16-1（粉螨平1号）防治白粉病药效持续性实验

实验时间：2016.08.30
起效周期：喷药1小时后蚜虫死亡。

受药表现：蚜虫无法正常爬行，只能原地旋转，随后头部向下直立80°以上，腹部变扁，然后死亡。

图9－9　GC16-1（粉螨平1号）防治蚜虫灭杀效果实验

实验时间：2016.08.29
起效周期：喷药6小时后
蚜虫死亡。

受药表现：玉米蚜虫
受药6小时后，虫体保持
直立死亡。

图 9－10　GC16-1（粉螨平 1 号）防治蚜虫灭杀效果实验

虫害情况　　　　喷药1分钟　　　　喷药24小时　　蚜虫呈聚集性死亡

图 9－11　GC16-1（粉螨平 1 号）对辣椒蚜虫的防治效果实验

　　2016 年 9 月，具有科技部认证资质的第三方机构组织了方智远院士等 7 名行业权威专家对 GC16-1（粉螨平 1 号）的防治效果进行评估（图 9－12），并获得国家工信部科技成果登记（图 9－13）。

图 9－12　GC16-1（粉螨平 1 号）生态制剂研发项目
科技成果评价会

图9-13　GC16-1（粉螨平1号）获得国家工业和
信息化部科学技术成果登记证书

未来，如何让 GC16-1（粉螨平 1 号）实现产业化，作为简单易用的农药制剂进入生产一线发挥作用，如何保证 GC16-1（粉螨平 1 号）对红蜘蛛、白粉病、蚜虫的防治效果，特别是机械化作业的防治能力稳定在较高水平，是研发团队需要攻克的又一个难题，需要我们进一步地认真研究。

二、小菜蛾的防治

1997 年以来，小菜蛾在北方地区危害加重，主要危害甘蓝、白菜、油菜籽、西兰花。每年仅乌兰察布地区发生面积就达 5 万亩以上，小菜蛾的抗药性非常强，并有逐年增高的趋势。2000 年，小菜蛾大面积危害油菜籽，7 月油菜开花后，每一朵花中有 4～6 条幼虫，秋天全部形成空荚，全市 30 万亩油菜造成绝收，农户全部没有收割。后来用各种农药进行了实验，只有 1‰阿维菌素防治效果较好。

到 2013 年油菜种植区农民普遍反映阿维菌素防不住小菜蛾，笔者在田间观察也是这样，为此开始筛选新型制剂。经过实验测定，乙基多杀菌素（商品名：艾绿士）对小菜蛾的杀死率达 95％以上，一般使用浓度为 0.5‰，所以从 2014 年起开始推广使用艾绿士。

三、斑潜蝇防治技术

南美洲斑潜蝇是一种抗性害虫。1995 年在我国北方地区发现，1996 年大规模侵入华北地区，1997 年进入内蒙古西部地区。特别是 1998 年以来，给内蒙古一些地区的温室蔬菜生产造成了毁灭性灾害。1997 年，笔者在内蒙古通辽市的温室蔬菜地里看到斑潜蝇危害十分严重。

1. 班潜蝇发生规律

受到斑潜蝇危害的蔬菜地种植的是黄瓜和西芹。这些蔬菜叶片的叶肉部分被斑潜蝇幼虫咬食成隧道，连成片后，叶片全部变白。5～10 天的时间整棚的作物出现烂秧子现象，秋后没有产量，甚至绝收。可是，当时却没有有效的药剂能对斑潜蝇进行防治。

通过长期观察发现，班潜蝇具有以下特点：一是危害范围广。班潜蝇幼虫主要危害葫芦科、菊科、豆科、十字花科、伞形科、茄科等作物，对黄瓜、芹菜、豌豆、甘蓝、马铃薯脱毒苗等危害也很严重，造成减产甚至绝收。2007 年我们对乌兰察布市凉城县的 102 座日光温室调查结果显示：虫害发生率 100%，幼虫虫情指数 50%。二是发生速度快。由于日光温室是斑潜蝇的越冬场所，且温室条件有利于它的繁殖，因此，短期内就可迅速对温室蔬菜造成危害。三是发生灾情重。斑潜蝇以其幼虫潜入叶肉、取食叶肉形成隧道，降低叶片光合作用，短期内可大面积发生，危害严重时可造成植株死亡。四是防治难度大。由于斑潜蝇具有较大的迁移性，以卵、幼虫、成虫三态快速循环繁殖，防治时机较难把握，一般药物很难到达幼虫所处的微环境，从而降低防效。即使一些微生物杀虫药物的防治效果比较好，但受环境因素影响，幼虫杀死率也达不到 70%。单一用药易引起害虫对药物的抗性，致使可选药物品种少，防治效果差。有专家就生物杀虫剂的使用提出过这样的说法："由于微生物杀虫剂受自然条件影响较大，特别是温度与湿度影响明显，在使用时应予以注意，要把握施药时机。生物农药杀虫速度较慢，需要与其它防治手段结合"。

2. 斑潜蝇防治方法

1997 年，笔者对防治斑潜蝇进行了试验研究。确定斑潜蝇是抗性非常强的害虫之后，选用了市面上能买到的各种农药，包括有机磷和剧毒农药，都无法彻底解决这种害虫的危害。在这个时候，我们想到历史可能会给我们提供灵感，大量翻阅农业历史资料，果然找到了非常珍贵的提示。汉代的农业历史上曾经记载，汉代人曾经用牛角、马脚、羊粪熬制成粥，将种子进行包裹，可使种子免受虫子伤害；希腊的农业历史书也介绍用兽骨熬制得到的物质，对害虫有一定的防治效果；特别是到了当代，在 20 世纪 50 年代，中国发生了蝗虫、蚜虫类特大灾害，我国著名化学家黄瑞龙用鸡蛋清来喷洒，使害虫得到了有效防治。黄先生在讲到这个技术的相关论述时，就防虫的原理和杀虫机制方面，目前还不是太清楚。尽管如此，我们从中也获取了重要的提示。很快，笔者就试制出了斑潜蝇防治制剂，1998 年在一户菜农的大棚里进行了第一次试验，将制剂放入 15 千克水中，进行叶面喷施，12 小时后试验区域斑潜蝇幼虫全部被杀死。防治斑潜蝇的难关自此被攻克了（图 9－14）。

图 9－14　斑潜蝇防治特效胶糖——蔬菜灭蝇胶糖
（国家发明专利号：201510931279. X）

2000 年 4 月，乌兰察布集宁霸王河村大部分温室黄瓜爆发斑潜蝇虫害，危害十分严重。为此菜农到集宁政府上访，当时在霸王河村蹲点的集宁市委组织部长找到笔者寻求好的解决办法。带着我们自己配制的药剂，赶赴现场发给农民，每个大棚只用了几块钱笔者配制的药剂，就使斑潜蝇得到了有效控制，所有黄瓜起死回生（图 9－15）。同年，在内蒙古农业科学院的几栋智能温室也发生了非常严重的斑潜蝇虫害，那里种植的脱毒种薯全部用来作全自治区的种薯，具有很重要的战略意义。当时聘请了很多专家教授，对斑潜蝇进行了切片分析，但都没找到有效的防治方法。笔者带着 5 千克自己配制的药剂对作物喷施后，虫害迅速得到了控制。

图 9－15　喷施斑潜蝇特效胶糖后幼虫灭杀情况
注．照片上黑点是用药 10 小时后死亡幼虫。

第五节 自然灾害、农药药害的救治

一、雹灾后的救治

冰雹是一种固态的降水，通常为直径 5～100 毫米的球形冰粒，又称雹子，乌兰察布地区俗称"冷蛋子"。冰雹在夏季或春夏之交最为常见，每年 4—7 月是冰雹的多发期，约占年发生率的 70%，冰雹是一种严重危害农作物的自然灾害。冰雹主要发生在中纬度大陆地区，通常山区多于平原，内陆多于沿海，中国比较严重的雹灾区有甘肃南部、陇东地区、阴山山脉、太行山区和川滇两省的西部地区。乌兰察布属于阴山山脉地区，因地形地貌的原因，局部气候极易造成冰雹的形成，几乎每年都要发生冰雹灾害。每年冰雹灾害的产生都会给该地区的农作物造成很大的损失，轻则受灾万亩以下，重则 5 万亩到 10 万亩。

2010 年 6 月 23 日，乌兰察布市商都县小海子镇的洋葱和西芹田发生冰雹灾害，受灾面积 7 万～8 万亩。6 月 24 日上午，笔者和商都县科技局的一些技术人员共同赶赴受灾现场，并详细查看记录了当时的受灾情况：

雹灾发生后，洋葱的叶片几乎全部成了细条状、干枯脱落，只剩下绿色的茎暴露在地表面。相邻的西芹也遭受了同样的灾害。当时，洋葱已经长到 30 厘米高、4～5 个大叶片，每亩地已投资近千元。

在乌兰察布地区蔬菜作物生长期只有 110 天，每年只能种植一茬，一旦遭受雹灾，菜农一年的收入就会全部打水漂。怎样抢救遭受雹灾的洋葱，将菜农的损失降到最低程度？对此，笔者在进行详细分析和研究的基础上，结合洋葱的受灾情况，应用新技术对洋葱进行了抢救性诊治。

在受灾的洋葱地里我们发现，虽然洋葱的叶片没有了，但根系尚完好（图 9—16），结合当地的气候特征，我们认为在理论上完全可以通过刺激生长、加强水肥管理对洋葱进行挽救。商都县的气候属中温带大陆性季风气候，年平均气温为 3.1℃，无霜期 110 天左右，年降水量 351.5 毫米，且雨水大多集中在 7、8 月份。在 7 月初受灾，蔬菜有足够的生长时间，可以大范围抢救，如果灾情出现在 8 月份尤其是 8 月末，作物已经没有足够的生长时间了，就无法再进行抢救。于是，我们当即就制定了具体的抢救措施，3 天之内将药品全部给农民发放到位。

图 9-16 2014 年 8 月 2 日乌兰察布市丰镇市洋葱遭受冰雹灾害

笔者配制了特制的营养液，对生长点进行喷施。营养液含有生长素和微量元素，其中微量元素包括稀土，主要作用是刺激生长和补充营养。同时用链霉素对洋葱植株进行了表面杀菌处理。一周之后，洋葱叶片生长惊人。当受灾洋葱恢复到 3~4 片新叶、植株高度在 20 厘米以上时，又对其进行了叶面营养液（微量元素、大量元素混合营养液）的喷施，并进行了浇水追肥。7 月中旬，到现场进行全面检查，只见洋葱已长出了 7~8 片大叶，并且已经封垄，完全恢复了正常生长状态（图 9-17）。用同样的方法对受雹灾危害的西芹进行了处理，西芹也恢复了正常生长，抢救取得了良好的效果。到 8 月底，受灾地区的洋葱和西芹亩产量均超过了 5 000 千克。

图 9-17 喷施雹灾救治营养液后洋葱恢复生长

笔者将同样的抢救方法运用到白菜和生菜的雹灾救治上，效果也非常显著，但是有一部分品种的白菜经抢救后却出现了抽薹。抽薹的具体原因究竟是雹灾带来的伤害，还是种子在幼苗时受到低温春化所致，目前还不能确定。笔者已对该现象进行了记载，并为以后白菜、生菜再出现类似受灾情况，发生抽薹现象的处理积累经验。

2012 年 7 月 28 日，乌兰察布市兴和县遭受雹灾。曹四夭乡农民赵林的洋葱地受灾面积达 200 亩，因雹灾发生的时间较晚，对如此特殊的灾害，该如何抢救？根据以往的救治经验，发生在 6 月末或 7 月初的雹灾抢救非常成功，但是在 7 月末发生的雹灾却从未遇见过。要抢救迟来的雹灾对洋葱造成的伤害可谓是一场不小的挑战。当时受灾洋葱的所有叶片都被冰雹打光，洋葱苗只剩下一寸（1 寸≈0.033 米）左右的茎秆。是否能够抢救成功，保证产量，这是笔者面临的新问题。

笔者选用了农药助剂 1 号、农药助剂 3 号和农药助剂 7 号的营养混合液，对洋葱进行了喷施。半个月之内喷施了 3 次，即遭受雹灾的当天立即喷一次，3 天之后再喷一次，8 天之后再喷一次。这与 6 月份遭受的雹灾抢救方法是不同的。到了 8 月 24 日，到现场进行观察发现，洋葱已经恢复到株高 50 厘米、7 个大叶片，和正常生长的洋葱几乎没有明显的差别。9 月 15 日，受灾洋葱全部成熟，仅比没有受灾的正常生长的洋葱减产 10%。这一次的成功抢救使我们在夏季中晚期雹灾抢救技术的应用上取得了新的进展。

2014 年 7 月 18 日，乌兰察布市丰镇市黑土台乡农户董庆国种植的 700 亩洋葱遭受了雹灾，笔者运用了上述夏季中晚期雹灾抢救技术进行抢救，也收到了非常好的效果。

通过多次大面积的成功抢救，确信在乌兰察布地区，若在 8 月 1 日之前发生雹灾，受灾作物完全可以进行大范围抢救并获得成功。

二、除草剂药害的解救

笔者对除草剂药害的解救灵感来源于一次非常严重的百草枯药害事件。

2003 年 3 月 1 日至 3 月 10 日，农民在乌兰察布察右前旗平地泉镇培育了一批洋葱苗。由于洋葱种籽小，幼苗根量少，对肥水吸收利用率不高，因此播种保苗的密度定为每平方米 1 300～1 600 株，栽植较密。洋葱播种后 7—8 天，出苗整齐，但是需要除草。由于种植苗密、幼苗根系弱且数量大，锄草较为费时，采用人工锄草显然不符合实际生产需要。同时，拔草的过程中特别容易连同幼苗一起拔掉，为此，需要一种除草剂，以解燃眉之急。这时，一位专家向农民介绍了百草枯，并声称除草剂用于洋葱苗期除草是经过试验的，生产厂家也在说明标注上明确介绍可以在洋葱上进行苗期除草，这两个原因都增强了笔者进行除草剂药害试验的信心。

除草剂在苗前芽后向地面喷施，即在 3 月初洋葱种子即将萌发时，将除草剂按每亩 100 克喷施地表。

当草植株发芽拱出地面后，下胚轴经过土面时吸收除草剂，造成维管束的死亡，进而造成植株的死亡。除草剂的这一原理会不会造成洋葱的死亡？当时，这个问题没有人能够给出合理的解释。在没有其它更合适方案选择的情况下，笔者在使用除草剂的同时，设计了一套洋葱除草剂中毒的解毒办法。20 天后，使用过除草剂的洋葱苗长到 2～3 厘米时开始大面积死亡，经过解毒处理的菜苗得到了挽救。

解除除草剂危害的解毒剂是由吸附剂即碳素石墨或活性炭为主要成分的。每亩地使用 2 千克活性炭均匀喷洒地表并浇水，土壤中有害的有机物质通过吸附剂被很好地吸收，从而挽救了植物的有机质中毒。喷洒解毒剂 24 小时后，洋葱苗开始缓苗，2 天后顺利生长，秋天洋葱正常收获。

使用洋葱除草剂的启示：第一，这项用吸附剂进行有机物的农田污染处理技术，可以推广应用到大田里对除草剂用量过度的抢救，笔者曾经在乌兰察布市集宁区霸王河村甘蓝的农田污染抢救上的实验也取得了很好的效果。第二，除草剂的推广使用必须进行严格的药物试验，必须将试验作为基础。第三，除草剂生产厂家、科技人员以及农民技术员需要对除草剂给予特别的关注。

第六节　运用生长调节剂解决实际问题

一、减少西芹春化抽薹的方法

西芹在冷凉地区的生长过程中会出现很多问题，尤其是在育苗期，即每年3—5月经常会遇到低温寒流，西芹的幼苗遭遇低温后容易春化，造成生长中、后期的抽薹。西片的春化从外表是不能观测到的，前期无法判定，到中期抽薹才能观测到，但此时已造成很大损失。为了避免西芹春化抽薹，笔者结合生产实践，在低温导致西芹抽薹前期的预测方法上进行了探索。

1998年6月，在乌兰察布察右前旗一户菜农的西芹地里，西芹长到0.33米高、有6～7片大叶时开始抽薹。根据这位种植户连续的温度记录仪记载，西芹在育苗过程中，有2～3个晚上温度低于3℃。这样的温度水平是否就是引起西芹春化抽薹的原因？技术人员都没有准确的判断。

1998年8月，这块地西芹的抽薹率达到了15%，对生产造成了一定的影响。在不具备经验积累的情况下，笔者运用植物生理学的知识，用5%三价铁离子对西芹的生长点（花芽分化的基点）进行染色。具体做法是：用三氯化铁化学醇配制成5%的黄色透明溶液，然后把西芹的外叶逐个剥去，只剩西芹的生长点，然后将该溶液滴在生长点上进行染色。10分钟后，发现有一些被染色的植株生长点变成了红色或砖红色，之后其它染色植株又相继出现了黄色和蓝色等很多种颜色变化。实践证明生长点变成砖红色的植株都发生了抽薹，而蓝色和黄色的植株并没有发生抽薹。

2010年，在乌兰察布市丰镇市新城湾一座种植西芹的大棚中，笔者用染色的方法对西芹苗是否春化、后期是否抽薹进行了初步测试。当时西芹已育苗40天，正准备定植，对西芹的生长点进行了抽样染色，发现有15%的幼苗染色点变红或砖红，我们判定西芹的抽薹率大概会达到30%以上。结果证明，染色10分钟后，西芹生长点变成砖红色或有砖红色出现，这个植株就会发生抽薹。

在大棚西芹的抽薹实验中，笔者发现一个规律：在大棚两侧和靠近门边这些温度较低的地方，很容易造成西芹低温抽薹。这个方法可以在生产上作为协助技术人员初步鉴别西芹是否抽薹的判定技巧来使用。但是这个方法目前来说只能是一个辅助手段。对一个西芹品种在什么时期、什么温度下、多长时间的低温就会造成春化抽薹，需要在品种培育进入市场以前进行准确地测定。在给客户推荐某一西芹品种时，这应该成为必备的技术资料，这样才能完全避免西芹春化抽薹的发生。

二、马铃薯苗扦插茎不伸长的处理

在马铃薯试管苗的繁殖过程中，其中一个步骤是用萘乙酸作为生根剂给马铃薯脱毒种薯苗进行蘸根，然后栽到蛭石基质里面进一步繁殖。

2006年，在乌兰察布市农科所，高级农艺师温喜金发现了一个奇怪的现象：当马铃薯试管苗在蛭石基质里栽植后，茎不但不伸长，反而压缩为一个短缩茎，植株就像贴地表生长的无茎蔬菜一样，很多叶片都趴在地上。这种现象给下一步的扦插工作将带来很多麻烦。经调查，发现工作人员对萘乙酸浓度没有经过详细地测定，只是凭主观估算配置溶液浓度。事实上，萘乙酸在一定浓度范围内可以促进根系发达，超出这个范围，就会出现只生根、不长茎的现象。

所以，在植物生长调节剂的应用上，一定要把握好不同作物、不同时期、不同效果性质特征上的详细情况。不同作物需要的植物生长调节剂的浓度是不同的；不同时期农作物需要的浓度也不同；作物要产生不同的效果，生长调节剂的浓度也不相同。如果需要控制作物营养生长，需要高浓度；如果是促进作物生根，则需要低浓度。

试验用赤霉素0.5克，加入15千克水进行喷施，喷施以后萘乙酸的抑制作用就被赤霉素解除，种薯苗迅速生长，形成了正常的有叶有茎的脱毒苗。

附录　七大作物栽培技术

附录1　冷凉地区长日照洋葱栽培技术

摘　要　试验表明，北方地区紫皮洋葱、黄皮洋葱等长日照洋葱品种更适宜本地区种植。本栽培技术详细介绍了北方地区洋葱种植的各项技术规程及病虫害防治方法，为农业生产提供参考。

关　键　词

Ⅰ. 密植：育苗床不小于30平方米，亩栽2.2万株。

Ⅱ. 重水肥：保证水源充足，土地肥沃，施足基肥，多次追肥。

Ⅲ. 防病害：进入7月，定期施药，防治灰霉病。

一、品种选择

北方冷凉地区洋葱种植在品种选择上，应根据本地区日照长的特点，选择长日照型洋葱品种。如果选择短日照品种，会出现提早结球的情况，在北方地区种植产量极低。

洋葱种子性状：

洋葱的种子为盾形，有棱角，腹面平坦，脐部凹陷很深，种子表面呈黑色，有不规则皱纹。洋葱种子平均长3.1～3.4毫米，宽2.3～2.6毫米，厚1.5～1.6毫米，干粒重4克左右，发芽率90%以上。若1升种子重量在400克以下，则质量较差，发芽率很难达到70%。

二、土壤选择

洋葱是须根系作物，根系在耕层内分布范围很小，主要分布在离地表20厘米的土壤层中，且大多垂直分布。因此，洋葱种植地必须选择保水性好、土质肥沃的沙质土壤或壤质土壤，土壤pH值呈中性，水源充足，排水条件良好。洋葱种植前茬不得为百合科作物。

三、栽培方式

洋葱对环境的适应性很强，在无霜期 100 天以上的长日照地区均可种植，但在栽培方式上略有不同。无霜期不足 125 天的地区，必须采取育苗移栽；无霜期超过 125 天的地区既可采取育苗移栽，也可采用直播。北部地区多以育苗移栽为主。

四、育苗

1. 苗床准备

每亩大田需育苗面积 30 平方米，培育壮苗 2 万株以上。在育苗方式上，采用塑料大棚育苗、日光温室育苗、小拱棚育苗、阳畦育苗均可。各地根据当地的生产条件，选择适合自己地区的育苗方式。播种前翻地 20～30 厘米，同时将经过处理的底肥均匀拌入土中。底肥为每 30 平方米加入腐熟农家肥 0.5 立方米，加入磷酸二铵 2 千克。

2. 烤棚与灌水

大棚、小拱棚或阳畦在育苗前需先烤棚。育苗小拱棚一般在播种前 5～7 天建好，建好后不要马上播种，先将塑料膜完全扣好，四周用湿土压严、踏实，保持 4～5 天，再向秧池灌水，水要灌足浇透。灌水后，将塑料膜再次压严，经过 1～2 天即可下种。

3. 发芽过程及对温度、水分的要求

洋葱种子发芽的物理吸水过程大约需要 12 小时。吸水后再经过破皮、生根、出土和直钩 4 个阶段。

洋葱种子发芽过程要求最低温度为 4℃，最高温度为 33℃，温度适宜范围为 15～25℃。发芽后幼根生长的最低、最高和最适温度分别为 4℃、35℃、28℃；地上部分生长的最低、最高和最适温度分别为 6℃、35℃、28℃。土壤水分与发芽也有着密切的关系，土壤含水量在 10%～18%，种子发芽率可达 90% 以上。

4. 播种量与播种期

播种时间应根据各地不同的气候条件来确定，最适宜播种时间为终霜期前 50～60 天，最早可在 3 月 1 日左右，最晚不得晚于 3 月 20 日，宜早不宜迟。

5. 播种技术

保护地育苗一般采用撒播。

现将苗床整理好，然后向苗床灌水，待畦表微发白时再播种，这样易于看清种子落土情况。

播种时，将120～140克种子均匀播在30立方米的苗床上。为了播种均匀，可先将种子的2/3播下，剩下的1/3根据种子分布情况进行调节。播后用筛或其它方法覆细土1厘米左右，覆土要用秧池回填时留下的表层土，如土壤粘重，还应添加适量的细砂土。覆土后及时压实，如用木板拍打表面等，然后用地膜覆盖。播后第二天应观察畦土表面，如果表面较为干燥，需用喷壶补水，直到表土湿透；籽种露于地表的，要补盖表土。播种后一周要随时观察地表土壤情况，及时补水。小苗出土后要第一时间去除地膜，否则会造成烤苗死苗。在没有全部出苗时，如果中午温度过高要遮阴降温。

6. 苗期管理

（1）水分管理：直到第一枚真叶出土前要控制浇水（但苗床不可太干），当生出2枚真叶后，视土壤墒情浇水，但水量不宜过大，最好用喷壶淋浇，以接住墒为好。

（2）温度管理：苗期最适生长温度为12～20℃，苗期的温度管理可概括为前升、中控、后降。育苗初期，棚温12～25℃为佳，因此时气温较低，要以提升苗床温度为主，在小拱棚或阳畦的棚膜上要覆盖保温物品，如草帘等；并且要晚上早盖，早晨晚揭，以适当减少光照时间，保证苗齐苗壮。苗出齐后应注意棚内温度，不可过高，以20～25℃为宜，若超过30℃应及时放风，以防徒长。移苗前，增加放风时间，在移苗前一周内达到白昼大放风，进行练苗，以使秧苗适应外部环境。

（3）肥料管理：第二片真叶长出后，视苗生长状况结合补水进行追肥。追肥以氮为主，每30平方米追尿素0.3～0.5千克，移苗前5～7天叶面喷施浓度为1‰的磷酸二氢钾并加适量生根粉，以利促根。

（4）苗期要经常拔草，保持苗床干净。

五、移栽定植

1. 定植前准备

（1）整地和施基肥：在选好的地块上首先进行春季整地耕翻；耕翻后

将所备基肥均匀撒于地表，每亩施农家肥 3 000～5 000 千克，将土壤与农家肥充分混合、耙糖、整平，根据地膜宽度做成小畦。畦宽一般在 1.2～1.5 米左右。小畦做好后再将磷酸二铵 40 千克加过磷酸钙 15 千克，辛硫磷 1.5 千克。均匀撒入小畦中，耙糖平整即可。

（2）覆膜：由于洋葱大多在干旱地区种植，土壤水分蒸发量大，且有效积温不足，加之秧苗密度大，除草困难，因此，要尽量采用覆膜移栽的方式。整地后立即进行灌溉，待畦面微干即可覆膜。最好选择 1.2～1.5 米宽的农膜以保证种植密度，膜间距越窄越好，要求地膜和土表接触严密，覆膜后膜面宽度不得少于 0.9 米，压膜土带应为 1.2 米至 1.5 米。

（3）选苗与蘸根：当幼苗达到三叶一心时可定植。根据苗床墒情可轻浇水一次，当床土干湿适度时，用苗铲起苗并抖掉宿土，切不可直接拔苗，拔苗伤根重，成活率低。

起出的苗要按大、小分级，一般分为 2 级，同级苗移植到同一畦里，以便后期管理。移栽前将起出的苗进行蘸根处理。蘸根液的配制可用锌硫磷 50 克、磷酸二氢钾 30 克，加水 12.5～15 千克再加 5～7.5 千克细土搅成泥浆即可。蘸根液也可加生根粉（按说明浓度使用）。

（4）运输苗的注意事项：我们都知道，洋葱异地栽培时需要运输苗。2010 年 5 月上旬，乌兰察布市部分农户培育的洋葱苗已经长成，进行异地栽培时，需要运输苗。在种植大户李先生 1 000 亩的洋葱地里，笔者建议他采用洋葱去头再运输、移栽的技术。因为带有大叶片的洋葱苗，水分蒸发的效率远高于光合作用的效率，失水量过大，反而加重了洋葱缓苗的负担。这项洋葱去头再运输、移栽的技术当时被乌兰察布察右中旗的农户采用，促使 1 000 亩洋葱顺利缓苗。

经过实践检验，洋葱去头再运输、移栽技术应该被列入洋葱种植规范，这一技术既节省运费，又使洋葱缓苗快、长势好，是一举两得的好措施。

2. 定植时期

各地区的定植期要根据气候条件而定，当平均气温达到 4℃ 即可进行定植（此时 10 厘米地温，达 5℃ 左右），一般酒泉、河套一带定植期应在 4 月 25 日左右，呼和浩特、承德、张家口坝下地区应在 5 月 1 日左右，其他较凉的地区在 5 月 10—25 日为好。

3. 定植密度

洋葱植株直立，叶部遮荫少，且弦根垂直分布，适于密植，保障水、肥供给，加大密度是增产的关键。因此，根据不同品种要求确定亩植 18 000～22 000 苗以上为宜。膜上株行距应为 13 厘米×14 厘米。

4. 定植方法

膜上打孔定植法：用打孔器在膜上打孔，将起出分级的幼苗蘸根后每孔一苗插入，根毛入土 3～4 厘米，压土压实。满一畦后，立即浇水。浇水时要注意水量，不宜大水，以不冲走幼苗为好。（注意，砂壤土可栽深些，但不可超过 4 厘米，粘土地一定栽浅些，以水不冲走幼苗为宜。定植过深洋葱鳞茎不能膨大）。

六、定植后田间管理

1. 及时除草

膜下若未用除草剂处理，杂草在定植后很容易生长，所以要及时将顶膜的杂草用土压住，并注意除去膜间杂草，防止与洋葱争水争肥，影响生长。未覆地膜的地块，要密切注意防止草荒，可用自制工具除草，但除草时要防止伤害洋葱根部。

2. 水肥管理

洋葱定植后的水肥管理，可分为 3 个阶段：

（1）缓苗期：洋葱定植时应及时浇一次水，两天后浇第二次水。此后 15～20 天内可浇一次小水，直到洋葱定植后第二片叶片长出。此期间适当控水蹲苗，目的是使洋葱根部快速发育，以利后期生长。

（2）叶片快速生长期：洋葱定植后 20 天左右，洋葱在田间已长 2 片新叶片，此时根系发育良好，已进入快速生长期，这一时期应保证洋葱充足的水肥供应，保证洋葱根部土壤湿润，发现干旱时应浇水，并保证每次浇水都要追肥，不浇空水。一般第一次浇水每亩追施尿素 20 千克，之后每次浇水施尿素 10 千克，硫酸钾 5 千克。叶片快速生长期是丰产的关键时期，此时一般浇 3 次水，施 3 次肥，洋葱即可长至 8～10 片叶（在 7 月中旬左右）。

（3）鳞茎膨大期：当洋葱的鳞茎直径大于 3 厘米时，洋葱已进入鳞茎膨大期，此时是洋葱生长的最后阶段，浇水结合追肥同时进行，追肥应以钾肥为主，辅以氮肥，同时保持土壤湿润，以利鳞茎膨大。一般追肥两次，第一次追施硫酸钾 10～15 千克，尿素 5 千克，第二次追施硫酸钾10～15 千克，尿素 5 千克。

3. 温度管理

洋葱的有效生长温度为 7～25℃，日均 13～22℃ 最为适宜，超过 30℃ 生长受阻。洋葱遇 30℃ 以上连续高温，应及时灌溉，保持其根部湿润，灌溉时应适当追施氮肥。

七、病虫害防治

1. 主要防病时间

（1）苗期防猝倒病。

（2）定植后一周防病毒病。

（3）7 月初防灰霉病。

（4）7 月中下旬防紫斑病。

（5）8 月初再防紫斑病，同时防软腐病。

2. 洋葱的病虫害防治方法

（1）在洋葱苗期，要防治地表出现的蝼蛄等害虫。防治方法：用敌百虫拌饲料，加入微量白糖和香油，再加一部分绿菜叶，切碎后进行搅拌，然后在洋葱育苗畦周围放置器皿，装入诱虫剂以防治地表的害虫。

（2）洋葱出苗后，主要防治洋葱的猝倒病。防治方法：使用噁霉灵进行灌根，使用千分之一的噁霉灵水剂，进行苗畦的喷淋（此处要特别注意不是喷雾），要使药水渗透到土壤中，这样防治效果会很好。

（3）在洋葱的小苗长到"两叶一心"时，要防治洋葱苗期的灰霉病。灰霉病往往和枯萎病同时发生，具体表现为：叶尖发黄，茎基部开始萎缩、干枯。防治方法为：在 15 千克水中加入代森锰锌 80 克、噁霉灵 30 克，同时加入 7 号剂 100 毫升，进行喷雾，效果非常显著。

（4）在洋葱定植前的大田，要做好防治洋葱根蛆的准备工作。做畦、整地时，每亩地施入辛硫磷颗粒 2～3 千克，这样才能确保洋葱定植后不发生根蛆。

（5）洋葱定植一周后，要防治洋葱的病毒病。如果此时不进行防治，洋葱会缓苗很慢，耽误生长 10～20 天。洋葱病毒病的基本表现是：定植后叶片不向上生长，而是叶片扭曲，盘绕在地上，情况严重时叶片湿黄，呈金黄色。防治方法：15 千克水中加入吗啉胍或病毒清类药物 50 克，加入 7 号剂 100 毫升，再加入阿维菌素 10 毫升，进行叶面喷施。这个措施在发病严重的地区要进行两次喷施，苗期定植后一周喷施一次，苗期定植后 20 天喷施第二次。

（6）病毒病防治完成后，要做好虫害防治：在叶面喷施阿维菌素、辛硫磷的复合剂。这次喷施主要是防治洋葱根蛆，蓟马等害虫，虫害防治可以和洋葱其他类型病害的防治结合进行。如果虫害防治不及时，一旦发生根蛆，不但破坏洋葱的茎、根，而且会传播病毒病，对洋葱造成不良影响。

（7）进入 7 月，通常在 7 月 1—10 日期间，要防治洋葱的灰霉病。洋葱灰霉病的基本表现是：在洋葱的叶片上出现绿豆粒大小的白斑，几天之后会变黄，叶片干枯，同时叶尖发黄。7 月 20 日之后，要防治洋葱的紫斑病、黑斑病、褐斑病。洋葱紫斑病的基本表现为：在洋葱的叶片上发生芸豆粒大小的紫斑。紫斑病往往和霜霉病同时发生，天气潮湿的时候在紫斑的周围会产生黑色的霉层。这 3 种病害主要的防治方法是喷施杀菌剂，15 千克水中加入代森锰锌类药物 80 克，加入 3 号剂 50 毫升，加入内吸性药剂 40 克（内吸性药物可以使用噁霉灵或三唑类药物 40 克），在防治病害的时候，要加入杀虫剂。

（8）在 7 月末到 8 月初期间，主要防治洋葱的软腐病。软腐病最初的表现为：洋葱接近中心的叶片开始发白、发软，情况严重时，洋葱膨大过程中果实与茎的连接部位发软倒伏。防治方法是：在每亩地洋葱撒白灰 50～100 千克，同时叶面进行喷施链霉素：15 千克水中加入 500 万单位的链霉素，同时加入 10 克硫酸铜，并且要进行连续 3 次喷施（因为链霉素必须累计喷施才能产生效果）。在洋葱倒苗之后收获之前，喷施防治软腐病的药剂。发生软腐病会使洋葱叶片萎缩收口处腐烂。药剂最少喷施两次，喷施以后洋葱收口部位在储存过程中一般不会发生腐烂。

以上是根据各个时间段进行的洋葱病虫害的防治方法。

八、洋葱不收口、不结球现象的防治

2012 年 9 月，乌兰察布察右后旗大六号镇南梁村种植的 170 亩"洪福"洋葱发生了不收口、不结球的现象。笔者对其生长状况进行了现场观察和分析发现：洋葱结球 6 厘米以上的占 50%，结球 3～6 厘米的占 30%，完全没有结球的占 20%，没有收口的洋葱占 100%。调查结果是洋葱营养生长正常；水肥管理规范；没有重大的造成生长延缓、产量损失的病虫害。通过反复查找分析，得出结论：造成洋葱不结球和不收口的主要原因是由于定植时间晚。

在乌兰察布地区，洋葱苗必须在 5 月 20 日前完成定植。如果定植时间延后，就不能满足洋葱正常生长发育需要的生长期。南梁村地里的洋葱在 5 月 20 日以后才定植，这个时间不符合乌兰察布地区的气候条件和洋葱种植基本规范，所以尽管葱苗长势良好，但产品形成的时间却不充足，故没有形成产量。种植晚的根本原因是育苗晚，因为那里的洋葱在 5 月 20 日前还没有形成三叶一心、0.5 厘米粗的茎秆。最终的结论是，育苗期以及定植期不符合乌兰察布地区正常的种植规律，由此造成了洋葱产量低、商品率低的状况。

附录 2　冷凉地区长日照大白菜栽培技术

摘　要　历史种植经验表明，北方冷凉地区种植大白菜适宜本地区发展绿色产品，更适宜本地区种植。本栽培技术详细介绍了本地大白菜种植的各项技术规程及病虫害防治方法，为农业生产提供参考。

关　键　词

Ⅰ.排开播种：育苗与直播相结合，播种时间可以从 5 月 5 日育苗延续到 7 月 5 日直播。密度 3 300～2 800 株/亩。

Ⅱ.重水肥：保证水源充足，土地肥沃，施足基肥，多次追肥。

Ⅲ.防病害：防根腐病，早发现、早确诊，分清病原菌。

一、品种选择

北方冷凉地区夏季种植大白菜，最容易发生的问题是种早了有抽薹的危险，在品种选择上按照地区气候特点，首先要考虑的是耐抽薹品种。其次要选择它的适口性、抗病性、用途和抗重茬性。目前有黄心品种和白心品种两类。品种名称很多。目前我们采用的主栽品种是韩国产的杂一代系列白菜品种，也有父母本来自韩国在我国生产的白菜品种。种子千粒重

3.5克左右。

目前种植品种：化德种植的主要品种为"民乐王"。其他品种有金凤凰、春如意、碧春、赛北金、赛金、春皇后、霸道等。

二、土壤选择

大白菜根系发达，生长速度快，根系主要分布在30厘米的表土层，并有翻根现象。因此，土壤选择上：以地势平坦、排灌方便、土壤耕层深厚、土壤结构适宜、理化性状良好，以砂壤土、壤土及轻粘土为宜；土壤肥力较高，保水性好，土层深厚肥沃，pH值在7～8.5；水源充足，排水良好。尽量避免重茬，不宜与十字花科作物连作。

三、栽培方式

随着市场需求的变化和机械化发展要求，大白菜出现了育苗白菜和直播白菜两种类型。下面分不同类型进行介绍：

（一）直播大白菜

1. 播前准备

结合整地每亩施优质农家肥3 000～5 000千克/亩，用旋耕机耕翻25厘米。使用施肥起垄覆膜铺管机械进行整地。每亩施N－P－K＝15－15－15复合肥50千克。

附图1－1 中国·乌兰察布冷凉蔬菜院士工作站
使用旋耕整地机进行整地

2. 播种时间确定

播种时间分3个阶段，是在5月底开始每10多天种植一批，直到6月底至7月初种植完毕，分别叫做：早菜、中菜、晚菜。通过分期播种达到排开上市的目的。

3. 播种方法及播量

采用穴播，每穴播种3～4粒种子，播种深度0.5～1厘米。每亩用种40克左右。

4. 栽培密度

种植方法采用膜下滴灌技术，穴播行距50～60厘米，株距40～45厘米，亩株数3 300～2 900株。

5. 田间管理

（1）出苗保苗：子叶出土到真叶展开，要防地皮干旱和虫咬。

（2）间苗定苗：3～4片真叶时间苗，每穴留1株。

（3）中耕除草：第一次中耕，在3～4片真叶时进行浅锄，刮破地皮即可。封垄前进行最后一次中耕，浅锄3厘米深。

（4）水肥管理

发芽期出土和幼苗期需水量较少，但种子发芽出土需有充足水分；幼苗期根系弱而且分布浅，天气干旱应及时浇水，保持地面湿润，以利幼苗吸收水分，防止地表温度过高灼伤根系。8叶期采用施肥灌追第一次氮肥（尿素）10千克/亩，莲座期需水较多，掌握地面见干见湿，对莲座叶生长既促又控，促进生根、包心。结球期需水量最多，结球初期浇水追肥可根据地力与大白菜长势增加追肥量，尿素15千克/亩，磷酸二氢钾10千克/亩，适当补充钙、铁等中、微量元素。保持土壤湿润。结球后期则需控制浇水，以利贮藏、运输。整个生长期需与膜下滴灌配合实施水肥一体浇水5～6次。

6. 病虫害防治

（1）跳甲、菜青虫、小菜蛾、甘蓝夜蛾、蚜虫。出苗期要及时防治跳甲，避免跳甲咬食顶芽；苗期做好防治小菜蛾，菜青虫、甘蓝夜蛾的幼虫；收获前期防治蚜虫；使用药物主要有：5%定虫隆（抑太保）乳油2 500倍液，或用阿维菌素乳油、高效氯氰菊酯喷雾。菜蚜：10%吡虫啉1 500倍液，或用50%抗蚜威可湿性粉剂2 000～3 000倍液喷雾。

（2）根腐病：造成根腐的原因有细菌和真菌要区分对待：细菌用72%

农用硫酸链霉素可溶性粉剂 4 000 倍液，或用新植霉素 4 000～5 000 倍液喷雾。防治真菌可在发病初期或前期采用 30％噁霉灵水剂 1 500 倍液，或用 43％戊唑醇悬浮剂 3 000 倍液，或用 10％多抗霉素可湿性粉剂 1 000 倍液，或用 72％霜霉威水剂 1 500 倍液进行全株喷淋结合灌根。

（3）霜霉病：3 号剂 300 倍液、4 号剂 75 倍液、杜邦增威赢绿 3 000 倍液混合后喷施。

（4）白斑病：50％异菌脲可湿性粉剂 1 000 倍液，或用 75％百菌清可湿性粉剂 600 倍液喷雾。

（5）病毒病：见病虫害防治中病毒病防治方法。

7. 适时采收

大白菜在叶球长紧实后，可视市场供需情况适期采收供应。在第一次寒流来临前抢收完毕。供应时间从 8 月中旬开始一直到 10 月初出售完。

（二）育苗大白菜

育苗大白菜有两种方法：一种是纸筒育苗，苗龄 30 天，一种是穴盘无土育苗，苗龄 20 天，适应机械化操作。现在普遍采用穴盘育苗法。

1. 育苗准备

一般需要在具有保温条件的日光温室内进行，用智能温室的苗床更好。将温室床面整平成高畦低垄，利于排水，畦大小以畦宽 1.2 米为宜，放 4 行盘。

2. 基质与苗盘

苗盘以 105 穴/盘为宜，基质可根据当地条件选择购买营养土，也可用蛭石＋腐熟羊粪自己配制，但需要过筛。

3. 装盘播种

育苗播种深度 0.5 厘米，装盘时基质紧虚适度，每穴 1～2 粒种子，播种一批浇一批，以利出苗整齐。

4. 苗期管理

播种浇水后，经常检查苗床温度，保证顺利出苗，温度控制在 25～30℃，夜间温度不要低于 10℃，绝对不能出现 0～2℃的低温，否则容易发生大白菜抽薹现象。

5. 起苗定植

定植的最佳时间是以 2 叶 1 心时，并且营养土被根护住不易松散，苗龄 20 天左右，终霜期后进行定值。起苗时保持营养土湿润。

6. 定植后管理

定植前土地整理与直播种植法一致，定植密度：大行距 50～60 厘米，小行距 40～50 厘米，株距 40～45 厘米，亩株数 3 000 株左右。定植后的管理，首先是及时浇水有利于快速缓苗，配合浇缓苗水做补苗工作。经常观察病虫害发生情况，防治方法参考直播大白菜的病虫害防治法。

7. 病虫害防治

由于是大苗定植，苗期主要防治害虫为小菜蛾、地下害虫；病害为根腐病、白斑病。防治方法与直播白菜相同。

附录3　冷凉地区西兰花栽培技术

一、生物学特性

西兰花为十字花科一二年生草本植物，为甘蓝类蔬菜的一个变种，原产于地中海沿岸地区，食用部分主要是脆嫩的花茎及花球，植株生长前期对环境适应性强，但花芽分化、花球生长期对环境要求严格，若栽培条件不适宜，将会影响花芽分化、花球生长及花球质量，因此栽培时应选择较为适宜的季节种植。

1. 温度要求

西兰花喜冷凉气候，比较耐寒，营养生长期比较耐热；种子发芽适温为 25～30℃，生长适温为 18～22℃，花蕾发育的适温为 15～18℃，发育期间若温度持续在 25～30℃或更高时，花球上易形成柳叶，植株徒长，花蕾大小不一且易松散。低于 10℃花球生长缓慢，5℃以下发育受抑制。致死温度－7℃。早、中熟品种无需低温就可以分化花芽。中晚熟品种经 4～8 周 2～8℃低温即分化花芽。

2. 光照要求

西兰花为低温长日照植物，对光照要求不严格。

3. 土壤条件

西兰花在保水保肥、有机质含量高的土壤最适宜生长，过肥沃的土壤会导致花蕾疏松、花薹空心，过贫瘠会导致生长不良，pH 值以中性土壤最佳，pH 值 5.5～6.5。西兰花种植宜选肥力适中的壤土。

4. 养分条件

西兰花生长前期需氮肥较多，结球期以磷肥、钾肥为主，除大量元素外对中微量元素需求也较多，特别是镁、钙、硼、钼元素，缺乏微量元素易导致空茎、白茎、松花等，对品质影响很大，因此栽培过程中应特别注意增施有机肥和中微量元素。

5. 水分要求

西兰花适宜在土壤湿润条件下生长，不耐干旱，耐涝性较弱，采收期多雨高温花球易发生满天星和褐斑病。整个生长期须保持田间土壤湿润，防止忽干忽湿的剧烈变化影响花芽分化及花球质量。

二、品种选择

1. 优秀

早熟品种，定植至采收 50～55 天。花球蘑菇状顶端较突出，颜色深绿，单球重 350～400 克，花球紧实，花蕾细，商品性好，侧枝较少，适合早春及秋季栽培。

2. 炎秀

早熟品种，定植至采收 60～65 天。适合密植的直立型品种，花球蘑菇状，颜色较浓绿，形状饱满，商品性好，适合夏秋季栽培。

三、种植方式

在北方地区，种植西兰花可采用露地栽培、地膜覆盖栽培和大棚或小拱棚栽培 3 种方式。

四、茬口选择

选择前茬非十字花科较肥沃的田块种植。

五、整地施基肥

（一）基肥用量及施用方法

鸡粪 500～1 000 千克＋过磷酸钙 30 千克＋复合肥 25 千克＋硼砂 1 千克。

（二）整地

1. 犁耙地要求

前茬清园，冬天上冻前选晴朗天气，在土壤半干状态下翻犁，深度25～30厘米，防止漏犁、漏耙，土壤达到疏松细碎。

2. 盖地膜

铺膜前先旋耕，然后按1.1～1.2米的行距铺膜铺带。

六、育苗

（一）准备工作

1. 苗床准备

春季选择地势高、棚室保温性良好的大棚，夏秋季棚室外覆盖遮阳网。棚内作畦，畦面刮平。

2. 穴盘

保护设施128孔穴盘基质育苗。

3. 基质准备和消毒

（1）基质的配置：草炭2份＋蛭石1份、每立方基质加复合肥1～2千克、磨成粉与营养土拌均匀。

（2）基质消毒：每立方基质加入50％福美双200克混合均匀。

（3）装盘、压制播种孔：将基质装入穴盘，盘面拉平，深浅一致。装满基质的穴盘叠放4～5层，然后叠一层空盘，压制播种穴0.5～0.7厘米，掌握好力度，防止深浅不一致，将装满基质、压制好播种穴的穴盘排放到苗床。如所用种子为陈籽，发芽率检测后要晾晒2～3天，晾晒时不要在水泥地上。

（二）种子处理

最好选用当年新籽。

1. 发芽率检测

拿到种子后进行发芽率、芽势抽检。抽检方法：随机抽取100粒种子进行芽率、芽势测试，首先清水浸种2～3小时捞出甩干后用湿布包好置于25～30℃环境中催芽，催芽过程中保温保湿并每天记录发芽粒数及芽势情况，3～4 天后统计种子芽率、芽势，并针对性合理安排播种量。

2. 药剂拌种

（1）用 0.1% 高锰酸钾溶液浸泡种子 15 分钟，捞出用清水冲洗干净，晾干种子表面水分。

（2）种衣剂：包衣种子可不做处理。

3. 晒种

在阳光下预先晒种 2 天，以提高发芽势（不要直接铺在地面上，以免烫伤种子）。

（三）播种

1. 播种方法与播种量
用点播器点种。

2. 覆盖
播种后覆盖 0.5～0.7 厘米厚的蛭石。

3. 浇水
摆完盘后浇水一定要浇均匀，以穴盘底有水珠为准。

（四）苗床管理

1. 温度
以 15～25℃ 为宜，出苗前稍高齐苗后稍低。高温期注意遮荫降温，低温期加强保温；在棚内最低气温降到 6℃ 以下时，夜晚应在育苗畦上加盖小拱棚和其它保温措施，防止低温造成幼苗春化，生长不良。

2. 水分
以见干见湿为原则，高温期每天早晚各浇水 1～2 次，以早晚气温低时浇水。低温期 3 天左右浇一次、浇水时间以晴天上午为宜。每次浇水，应浇透苗盘营养土，防止漏浇。

3. 养分
据苗生长情况，苗期浇施 2～3 次 0.3% 复合肥水。

4. 通风
出苗后应加强通风见光，冬季和早春育苗在保证苗床温度的前提下尽量多通风，提高幼苗素质，防止出现高脚苗和徒长弱苗。

5. 炼苗

定植前 4～5 天先浇足水，然后移动苗盘断去穴盘下部的根系、并逐步加大通风量，让苗适应大田条件，并适当控水，以利定植成活。

6. 壮苗标准

具有 3 片真叶，子叶完好、叶色鲜绿、茎叶健壮、无病虫危害、根系发达根盘松散率低。

七、定植

1. 定植方法

采用品字形定植，定植深度 4～5 厘米不盖住子叶为宜，定植后苗坨覆土 1 厘米；盖土稍压，防止苗坨与土壤接触虚空，不盖住子叶为宜；每畦定植 2 行。

2. 定植密度

春季每亩 3 000 株，秋季 2 700 株。

3. 定植水

定植后随即浇足定根水。

4. 注意事项

定植时将大小苗进行分开种植，便于田间管理。搬运过程中轻拿轻放，避免机械损伤。

八、田间管理

（一）养分管理

生长发育期间适时适量的加强田间管理是取得丰产的关键，缓苗后和花球形成初期追肥，可促进叶片生长及花球迅速膨大。

1. 缓苗肥

定植后 5～7 天，每亩追施尿素 5 千克，促进前期生长。

2. 发棵肥

根据植株长势每亩施复合肥 15 千克＋10 千克尿素。夏季可施用复合肥 15 千克/亩。

3. 花球肥

根据植株长势或在花蕾 1 厘米左右时每亩追施复合肥 25～30 千克，

进行株间穴施。生育期内每 10～15 天交替喷施 0.2% 硼砂或钼酸铵溶液。

（二）水分管理

1. 缓苗后

可根据天气情况进行浇水，保持田间适墒（黑茎病多发地块注意控制土壤湿度，禁止大水漫灌）。

2. 发棵期

发棵期需保持土壤中等含水量促进发棵，保持稳健的生长为宜。

3. 花球期

结球期要保证水分均匀、充足，促进花球膨大，采收前可适当控制水分增强花球品质。

4. 排水

生育期内大水漫灌及降雨后田间积水，应及时将积水排干。

（三）除侧枝

以采收主茎花球为主，及时去除所有侧枝，如需继续采收侧球的可根据实际情况选留 2～3 个侧枝，其余侧枝及早摘除。去侧枝以晴天上午为宜，禁止阴雨天操作。

（四）中耕松土除草

生长期及时防治田间杂草，露地定植生长前期松土除草 2—3 次，结合中耕向根部培土。覆盖地膜种植，及时锄去畦沟杂草。

九、病虫害防治

1. 猝倒病、立枯病

用 15 千克水加入噁霉灵 20 克，敌克松 40 克，进行灌根处理，这项处理也可以有效地防治苗期黑胫病的发生。

2. 黑胫病防治

栽培防治为主，培育壮苗，严禁向根茎部浇肥水，带药浇定根水，药剂防治可用 50% 福美双 800 倍、64% 杀毒矾 800 倍、58% 雷多米尔 800 倍灌根。

3. 霜霉病

58% 雷多米尔 800 倍、72.5% 普力克 700 倍、70% 达克宁 1 500 倍。

4. 菌核病、灰霉病

50％农利灵 WP750 倍、40％施佳乐 SC1 500－2 000 倍、50％速克灵 WP800－1 000 倍、65％万恶灵 WP800－1 000 倍。

5. 小菜蛾

见病虫害防治中小菜蛾防治方法。

6. 夜蛾类

0.6％清源保 600 倍、抑太保 1 500 倍、1.8％甲胺盐 2 000 倍、24％美满 2 500 倍、15％安打 3 000 倍。

7. 菜青虫

防治方法同小菜蛾、斜纹夜蛾。

8. 蚜虫、白粉虱

2.5％阿克泰 5 000～6 000 倍、10％福可多 1 500 倍、70％艾美乐 30 000倍。

十、采收

（一）采收标准

根据保鲜、速冻具体要求质量标准采收，一般花蕾直径11.5～13厘米（速冻可稍大但不能散花）。

（二）采收方法

采收必须避开高温时期，早上 9∶00—10∶00 前，15∶00—16∶00 后进行；采收时下刀要准、稳并保留 3 片大叶护花，削除多余叶片时应留0.8～1厘米的叶柄，刀具要保持清洁，茎部切口要平整。花球顶部到茎秆底部的长度为 15～16 厘米。

（三）装筐

摆放时采用花对花，茎对茎交错的方法（可较好防止相互摩擦造成的机械损伤），装好后覆盖叶片并尽快运回冷库进行保鲜。

（四）加工分级

1A 级

（1）花球果形完整。

（2）花蕊结实，紧密，无暴花，色泽鲜绿，基本无满天星（花果边缘少许可以），无黄点。

（3）无空心、烂心，无花脚，无机械伤。

（4）无病虫害。

（5）大小规格要求（花球直径）：11.5～13.5 厘米（日本通用标准）；13 厘米为中心（东南亚标准）；14 厘米为中心（国内标准）。

2B 级

（1）无暴花、严重满天星，无发黄花。

（2）允许茎部空心，不严重。

（3）少量烂脚，少许机械伤，花球无严重松散，发软。

（4）大小规格（花球直径）：以 14 厘米为中心。

3C 级

（1）无严重的机械伤，病虫害及腐烂。

（2）花球不发黄。

十一、预冷贮藏运输

西兰花贮藏温度：0～1℃；湿度：90％～95％。

附录 4　冷凉地区胡萝卜栽培技术

1. 适应本地区种植的胡萝卜品种有哪些？

答：H1107、H1182、彩映二号、改良新黑田、广岛人参、新黑天 U 型、金冠、宝冠、金虹四号、东京一品等。

2. 种植胡萝卜应选择什么类型土壤？

答：胡萝卜根系发达，侧根多，肉质根入土深达 20 厘米以上，耐旱性很强，吸肥水能力也很强，为获得优质高产、宜选择前茬为伞形花科作物，土壤根底深厚、肥沃，保墒和排水完好的壤土或砂壤土为好。

3. 怎样播种胡萝卜才能保全苗？

答：胡萝卜种籽含有挥发油，种皮又为草质，不易吸水膨大，所以发芽慢，往往出苗不整齐，因此，从播种到出苗应采取以下保苗措施：①去掉毛刺，保证种子与土壤密切接触，促进种子吸水以利发芽。②精细整地，浇足底水，确保种子发芽有底墒。③播种后如果墒情不好，要浅浇2～3次，使土壤经常保持湿润，促使种子迅速发芽和保持出苗整齐。

4. 生产1千克胡萝卜，需吸收 N、P、K 各是多少？

答：生产1千克胡萝卜，需吸收 N 4.1～4.5 千克，P_2O_5 1.7～1.9 千克，K_2O 10.3～11.4 千克。所以氮素、钾素主要影响胡萝卜总产量和经济产量。

5. 种植胡萝卜是以基肥为主还是追肥为主？

答：种植胡萝卜主要靠基肥，一般不作追肥。若基肥不足时，根据苗情，可适量适期追肥，可在封垄前和直根膨大期追施腐熟人粪尿 750～1 000千克；或是尿素和硫酸钾分别为 5～7.5 千克和 7.5～10 千克，分两次施入。

6. 胡萝卜苗期水分管理应注意什么？

答：要生产出优质高产的胡萝卜，其各个生长阶段对水分要求有不同变化：①3～6 片真叶时，对水分要求是见干见湿。②6 片以上真叶时，地上部分生长旺盛期，而地下部分是直根向下伸长时期，也正是蹲苗期。此时适当控制浇水，主要加强中耕松土，以促使肉质根发育良好。③当胡萝卜肉质根长到手指粗时，是肉质根生长最快时期，也是对水分和养分要求最多时期，应增加浇水次数和浇水量，使土壤湿度经常保持在 70%～80%，浇水要勤要匀。生长后期要控制大水，否则水分忽多忽少供不匀，就会引起裂根。

7. 如何防止胡萝卜叉根？

答：造成胡萝卜叉根的原因是肉质根生长过程主根受损，如主根生长遇到石粒受阻，施用未腐熟基肥，在土壤中发酵放热和中耕除草、虫害等，会使胡萝卜的直根受到损伤，往往导致其分叉。因此，要防止胡萝卜叉根，一是深耕 23～26 厘米，然后精细耙耕整地做到深、细、碎、匀。二是要施入腐熟酸粪肥作基肥。三是及时防治地下害虫。

8. 造成胡萝卜短根和锥形根的原因是什么？如何防止？

答：胡萝卜根系发达，肉质根入上深达 20～30 厘米，造成短根和锥形根的原因：一是耕作层浅，土壤结构紧实，使根尖向下伸长膨大困难；二是地下水位高；三是在胡萝卜地上部生长旺盛期，直根向下伸长时期，土壤水分过多，造成地上部分生长过盛，而妨碍地下部分直根生长。防止短根和锥形根形成要采取以下措施：①要选择土层深厚、土质疏松、排水良好的沙壤土或壤土。②进行深耕23～26厘米，并精细耙耕破碎颗粒，使土壤疏松，肥沃湿润为肉质根生长创造有利条件。③叶部生长盛期，正是直根向下伸长时期，要适当控制浇水，进行蹲苗。

9. 造成胡萝卜裂根的主要原因有哪些？

答：①大水漫灌使其忽干忽湿，造成吸水过胜。②收获太晚。

10. 如何防止胡萝卜裂根？

答：在胡萝卜生长中期浇水要勤要匀，生长后期要防止大水漫灌、避免水分忽多忽少，经常保持土壤湿润。要适时收获。

11. 胡萝卜亩下籽量多少为宜？亩保苗多少？

答：胡萝卜一般亩下籽量300克左右，亩保苗2.7万～3万株。

12. 胡萝卜田如何进行化学除草？

答：播种前土壤处理，每亩用48%氟禾灵100～150毫升，或亩用48%地禾胺乳油200毫升，与水均匀喷雾，施药后立即交叉耙耕混土30厘米，主要用于防治禾本科杂草和部分藜科杂草。苗后每亩用35%稳杀得乳油75～125毫升，或50%扑草净可湿性粉剂100～150克/亩，兑水喷雾。防治以禾本科为主的杂草。

附录5 冷凉地区大棚西瓜栽培技术

西瓜是葫芦科西瓜属中的栽培种，一年生蔓性草本植物。别名水瓜、寒瓜。原产非洲南部的卡哈拉里沙漠。公元9世纪传入中国新疆维吾尔自治区（简称新疆）。10世纪上半叶在现在的内蒙古巴林左旗有了西瓜栽培。在乌兰察布种植时间为20世纪80年代中期，现种植面积1万亩左右，主要是在保护地种植小型优质西瓜。

从2005年开始，随着内蒙古中西部地区温室大棚推广面积的逐步扩大，大棚西瓜开始引进种植。温室大棚西瓜一般选择的都是小型果品种，有日本、中国台湾等地的品种，还有中国农业科学院的"超越梦想"等品种。主要采用吊蔓的种植方式，1亩地种2 000～2 500株，每株只留1个瓜，单瓜重量为1.25～1.75千克。由于这些西瓜口感好，糖度高（糖度达到14），在市场上广受欢迎，每斤售价可达3元左右，这对当地农民种植收入的提高起到了很好的推动作用。

一、保护地小西瓜种植技术

乌兰察布地区从 2003 年起开始进行保护地小西瓜（礼品西瓜）市场的开发。礼品西瓜每个重量为 1.5 千克左右，栽培时 1 蔓 1 瓜，每亩地 2 600 株，亩产 3 500 千克左右，亩收入达到 1.5 万元左右。

小西瓜的栽培措施主要是：

（一）品种选择

多年实践证明，在乌兰察布地区以"全美 2K"、"超越梦想"、"佳年华"、"京秀品种"为主，单果重 1.5 千克左右品质为好。

（二）育苗及种植时间

乌兰察布地区温室一般在 3～4 月中旬对小西瓜苗进行定植，需要提前 30 天育苗；大棚于 5 月 20 日至 6 月 20 日定植，冬春育苗，苗龄需 30 天左右，夏季育苗苗龄有 20 天即可，苗高 5 厘米，地温达到 14℃是定植标准，一般定植后 90 天左右小西瓜即可成熟。

（三）育苗方法

西瓜种子用 50℃温水浸种 8 小时，然后用干净纱布包好，保湿发芽，等种子裂口后播种。用发酵好的羊粪、蛭石、土，各 1/3 混合好装入育苗钵，浇透水，待 5 厘米地温高于 15℃时，选晴天将发芽的种子平放土上，覆土 2 厘米后压实，播好后盖好地膜（播完种后要撒杀鼠剂防老鼠吃种）。在 15～30℃气温条件下，5～7 天出苗，出苗时要防高温烤苗，出苗三分之二时揭膜。苗期 20～30 天内浇水 2 次，土不能过湿，一般 3～4 片叶时就可以定植。

（四）种植方法

1. 定植前的准备工作

定植前每亩地施农家肥 5 000 千克，磷酸二铵 25 千克，浇透水，做成宽 1 米、高 15 厘米的高垄，覆好地膜，按 40 厘米×60 厘米株行距开孔，亩栽苗 2 600 株。土温达 14℃时可栽植，栽后及时浇水。

2. 定植后水肥及温度管理

（1）水肥管理。缓苗后，苗期浇水并施氮肥，每亩施尿素 15 千克；开花时少浇水，等果实鸡蛋般大小后，要常保持土壤潮湿，分 3 次施肥，每次亩施钾肥 7.5～10 千克，氮肥 10～15 千克。

（2）温度管理方面。地温需达到 18℃左右，气温白天需保持在 30℃、夜间达到 15℃以上。春季若气温高于 30℃是否放风要看地温，如果此时地温达不到 15℃、气温不高于 40℃不能放风；夏季地温高，气温达到 25℃时就要放风。

3．授粉

在瓜苗长到 12 个叶片以上部位开花时，选择天气晴好的上午套花，在没有露水时，用 1 个雄花在 3～5 个雌花上授粉，或在种植区养蜂传粉，达到授粉目的。

4．整枝吊蔓

西瓜苗长到 5～6 片时要及时吊蔓，每隔 2～3 天，把蔓往吊绳上绕，同时要把侧枝打掉，只留 1 个主蔓。

5．留瓜吊瓜

瓜苗长到 12 个叶片以上时，即使结瓜也要将瓜及时去掉，因为早留瓜会影响上面的枝蔓出瓜。1 蔓只留 1 个瓜，等 1 个瓜成熟后，时间还来得及再留 1 瓜。当瓜长到 0.5 千克时，用网袋把瓜吊起，防止瓜从蔓上脱落。坐瓜后，植株有 25 片功能叶时，可以掐尖。

6．病虫害防治

（1）苗期死苗防治：①播种后若遇阴天、低温会造成泡籽不出苗。出苗后地温低于 8℃会造成死苗。②出苗时要及时揭膜，否则会烤苗。出苗不全时，白天揭膜，夜间盖上。如果白天地面较干可喷 25℃的水，达到保湿效果以保全苗。③不能用生粪发酵，否则会产生氨气中毒死苗，特别是生鸡粪会造成重大死苗事故。④出苗后用药剂防猝倒病和虫害。药剂配制为：15 千克水加入噁霉灵 10 克，加入阿维菌素 20 毫升浇入小苗育苗土中。

（2）蚜虫：从瓜苗长到 4～5 片叶起，每 7～10 天喷一次生物农药（15 千克水加粉螨平 1 号 500 毫升喷叶背面）。

（3）枯萎病：结瓜时，特别是连续种 2 年瓜以后，植株得枯萎病死亡的现象开始发生，要及时救治。一是高垄种；二是每亩撒白灰 50 千克；三是根部灌药即用 15 千克水加噁霉灵 10 克，五氯硝基苯 40 克，每株 150 毫升；四是连续种 2 年以上的小西瓜，若药剂预防不了，就要用嫁接技术。

（4）防裂瓜：小西瓜结瓜后浇水时要水分均匀，水分过大过小都会裂瓜，同时可多次喷微肥以有效防止裂瓜。

（5）炭疽病：炭疽病表现为西瓜叶片、茎秆起绿豆粒大小的黑点，严重时茎叶全部干枯。防治方法：15千克水中加入代森锰锌80克，3号剂50毫升喷施叶背面。

（6）留瓜。坐瓜时，水量要控制好，否则会造成徒长，坐不住瓜，同时要尽量多通风，套好花。如果叶子长到25片时，坐不住瓜就要掐尖。

二、大棚西瓜不坐瓜的处理方法

在大棚西瓜的种植过程中，主要存在的病虫害是枯萎病、叶枯病、红蜘蛛等；在管理上，留瓜和坐瓜也是极其重要的环节，如果管理不当西瓜就会出现坐瓜率不高的问题。2009—2010年，我们在调查研究的基础上，采取了一些措施，使西瓜坐瓜率不高的问题得到有效解决。

2010年，针对西瓜坐瓜率不高的问题，通过使用生长调节剂、整枝打叶的方法调整西瓜的生长进程，以此使它的生长符合经济规律，从而获得了比较好的效益。

温室西瓜随着生理进程进入开花期后，往往第一朵花容易坐瓜。从一株作物的特征来讲，第一朵花是以传宗接代、繁殖后代为基本任务的，所以坐瓜效果比较好，而后来开的花，坐瓜率就不如前面的花高。但是，由于第一朵花坐的瓜节位低，营养叶片少，所以第一个瓜单瓜重只有0.5千克左右，产值不会太高；而后面节位比较高的花坐的瓜长成后个体大、产量高、效益好。为了提高西瓜的产量，一般在西瓜的植株长到5～6片叶或者7～8片叶的时候要把第一个瓜去掉，到了12～13片叶时再留瓜。西瓜长到12～13片叶以后，由于温室大棚温度高，湿度大，容易导致叶片生长速度加快，造成营养生长过旺，致使开花、授粉效果都不好，导致坐瓜率很低。因此在西瓜苗进入生长旺季之前，即在8～10个叶片的时候，在西瓜叶面喷施B9，以抑制西瓜的生长过旺，增加开花率，然后通过人工授粉结合蜜蜂授粉，提高西瓜的坐瓜率。

有一些农户种植的西瓜，叶子长得非常茂盛，部分藤蔓长势很旺，植株长到2米高时却仍然没有坐瓜。这个时候不但要对西瓜叶片喷施B9，抑制藤蔓生长，还需立刻剪去龙头，禁止顶端优势发旺（俗称"打尖"），同时去掉底部的老叶片，使植株通风透光。经过一系列措施后，只需要一周左右的时间，西瓜就会再次开花、坐瓜，使西瓜的生育期和市场需求相链接。

附录6 冷凉地区无公害甘蓝栽培技术

一、自然环境

乌兰察布地区全年日照时数 2 850～3 250 小时，年日照百分率 63％～72％，为我国光能资源高值区，无霜期 95～145 天。雨量偏少，年平均降水 258～426 毫米，沿长城一线降水较多。

二、土壤条件

砂壤土，土壤酸碱度 pH 值＝7。

三、生产管理措施

(一) 育苗

1. 品种

中甘 21。

2. 种子消毒

用少量 75％百菌清拌种防治霜霉病、黑斑病。

3. 育苗土配制

以充分发酵的有机肥：蛭石：肥沃园土＝2：2：1 的比例充分搅拌均匀，再加 50％多菌灵可湿性粉剂 600 倍液，再次混合均匀消毒。

4. 育苗日期

4 月中下旬在大棚或温室内育苗，苗龄 30～40 天。

5. 播种

育苗盘装育苗土至 3/4 处，然后用播种器把种子均匀播入育苗盘穴，每穴 1 粒种子，最后在育苗盘上覆盖育苗土至穴满。必须保证甘蓝种子播种深度一致，种子同时出苗。播种完用喷壶把育苗盘浇湿浇透，以后每隔 2～5 天浇水一次。

6. 播后管理

甘蓝播种后应保持较高温度，白天 20～25℃、夜间 15℃左右，出土后适当降低温度，白天维持在 18～20℃、夜间 10～13℃。幼苗第 1 片真叶展开后及时间苗，把育苗盘中的双苗拔除。在定植前的 7～10 天内，幼苗应该进行低温锻炼。幼苗 5～7 片，茎粗 0.5 厘米左右时即可移栽。苗期注意防治小菜蛾、菜青虫等害虫，用 60 克/升艾绿士 1 000 倍液喷雾。

（二）大田定植前准备

1. 前茬

为非十字花科蔬菜。

2. 整地

在定植前 10 天，地面普遍撒施基肥，而后耕翻两次，深约 20 厘米以上，使肥料与土壤充分混合，耙平后起垄作畦，垄高 20 厘米，垄宽 90～120 厘米。

3. 基肥

以有机肥为主，有机肥和无机肥相混合。在中等肥力条件下，每亩普遍撒施优质农家肥至少 4 000 千克，磷酸二铵 50 千克，然后在耕地时充分搅和均匀。

4. 铺管覆膜

膜下铺设滴灌管，必须把两根滴灌管平行铺设，给每棵甘蓝均匀地给水。

（三）定植

1. 定植期

最早 5 月中旬定植。

2. 分级选苗

定植甘蓝时要选取根系发达、生长健壮、大小均匀的幼苗，淘汰徒长苗、矮化苗、病苗、生长过大过小的苗，分级后可以把同样大小的苗栽种在一起，以便进行分类管理，促使幼苗田间生长一致。

3. 定植密度

株距 22～25 厘米、行距 22～25 厘米（说明：垄宽超过 100 厘米时，株距、行距各为 25 厘米，垄宽＜90 厘米时，株距、行距各为 22 厘米，即以每亩定植 8 000～9 000 株甘蓝为基本标准）。

4. 定植方法

开定植穴使用定植打孔器，保证每株甘蓝之间株行距一致，这样每株甘蓝获得肥水的机会就均等一致，定植后马上滴管滴水。

（四）田间管理

1. 苗期

定植后2～3天滴管滴缓苗水。栽苗3天必须用60克/升艾绿士1 000倍液喷雾预防小菜蛾发生。

2. 莲座期

进入莲座期后，控制浇水10多天，使苗变得蹲实；蹲苗结束后，应水肥猛攻，催大莲座叶。莲座期需要大量氮肥，利用水肥一体化技术，结合滴灌滴水每亩滴施专用复合肥冲施宝10千克、硼肥2.5千克。莲座期最好滴抗重茬微生态制剂每亩5升。

3. 结球期

莲座期结束后，大量新生叶迅速生长形成坚实的叶球，这时更应加强管理，提供充足的肥水满足需要，才能获得高产量。结球期除氮肥外，要求钾肥比较多，可滴施氮钾型复合肥每亩7.5千克。结球期要保持土壤湿润。结球后期不再追肥，需控制浇水以免裂球。

中国农业科学院党组书记陈萌山、方智远院士在甘蓝绿色增产增效集成示范展示会中国·乌兰察布冷凉蔬菜院士工作站甘蓝试验田见附图1－2，中国·乌兰察布冷凉蔬菜院士工作站中甘21试验示范田见附图1－3，中甘系列甘蓝新品种推广示范效果见附图1－4。

附图1－2　2016年，中国农业科学院"甘蓝绿色增产增效技术集成示范展示会"在中国·乌兰察布冷凉蔬菜院士工作站召开，中国农业科学院党组书记陈萌山、方智远院士一行查看试验田甘蓝种植情况并合影留念

附图1-3　中国·乌兰察布冷凉蔬菜院士工作站
中甘21试验示范田

（a）2015年，中国·乌兰察布市冷凉蔬菜院士工作站甘蓝
中甘21试验示范田实现亩产12 000斤（1斤=500克）

（b）中甘21、中甘192、中甘301推广面积6万亩，平均亩产
8 000斤，每亩增收800～1 000元，实现增收5 000万元。

附图1-4　中甘系列甘蓝新品种推广示范效果

（五）田间病虫害防治

（1）防治病虫害应以预防为主。喷施的药剂要高效而无公害，严禁使用高毒、高残留农药。

（2）在甘蓝露心时，每周必须喷施乙基多杀菌素类生物农药一次，如60克/升艾绿土1 000倍液喷雾，预防小菜蛾发生。

（3）潮湿阴雨天气有利病害发生，进入雨季，要提前喷农药预防病害发生。用72%农用链霉素可湿性粉剂4 000倍液喷雾一次，预防细菌性病害发生。

（4）耕地前清洁田园，可以压低病菌虫源数量，减少初侵染源。在菜地安装太阳能高压杀虫灯，能诱杀小菜蛾成虫，大量减少虫源。地里挂银灰膜带可预防蚜虫发生。

四、典型案例分析

1. 春季保护地甘蓝不结球的解决方法

2004年春天，在乌兰察布市察右前旗移民区有20个温室种植甘蓝。没想到到了夏天，这些甘蓝出现了让农民很无奈的现象：即在2月份就开始种植大棚甘蓝苗，到5月、6月结球仍然困难，甚至出现露地甘蓝已经结球，大棚里的甘蓝仍然处于半包心的情况。到了7月，露地甘蓝已到了快结球的时期了，但温室里的甘蓝还没有结球的迹象。2010年，在察右前旗的一个蔬菜园区，一位蔬菜种植户也种植了温室甘蓝，在3月中旬栽苗，至6月中旬甘蓝始终结球困难。

在温室大棚里，春季种植甘蓝是一大难题。其原因一方面是大棚里5、6月份温度已经很高，温度过高会抑制甘蓝生长；另一方面温室存在严重的通风不足，缺乏二氧化碳。但如果把覆盖的塑料膜全部掀开进行通风，那么，通风的甘蓝比覆盖塑料膜的长势要好。

2. 大棚种秋甘蓝不能正常成熟问题的探讨

2005年，笔者在乌兰察布市丰镇市的红砂坝温室里种植了"中甘11号"。"中甘11号"是中国农业科学院蔬菜花卉研究所培育的一代杂交配种，外叶12～24片，深绿色、蜡粉中等；叶球近圆形，单球重0.75～1千克；抗逆性强，早熟，定植后50～55天收获，亩产3 000～3 500千克；适合早春日光温室、塑料大棚及露地栽培。计划是在这一年的7月1日把育好的甘蓝苗移栽到大棚里，预计在10月10日，即霜期到来之前成熟。丰镇市红砂坝无霜期在110天左右。结果农户未按笔者定的日期栽培，而是到了 7 月 20 日才移栽甘蓝苗，结果这些甘蓝刚处于半包心状态就遭受了霜冻，甘蓝的成熟期受到了严重影响。

通过以上事例及甘蓝的生长条件，笔者得出甘蓝苗在乌兰察布地区的生长规律：不能按照夏季的生长规律来衡量秋季种植的甘蓝或者其它的作物。在夏季，甘蓝有 60 天就能够成熟；在秋季大概需要 80～90 天；冬季则需要 100～120 天。这才符合甘蓝对热量、光照的时间、营养体积累的规律。

附录 7　冷凉地区芹菜高产栽培技术

一、生物学特性

西芹属伞形花科，芹属。根系分布浅，多在 10～20 厘米的土层内，横向达 30 厘米左右，营养生长期的株高达 60～80 厘米，茎端抽薹后发生分枝，异花授粉。西芹植株高大，叶柄实心、肥厚，含糖量比本芹高出 1 倍，而且柔嫩、青脆、味甜，含纤维少，富含维生素、矿物质等，与本芹一样具降血压、健脑、清肠利便的药效，备受消费者青睐。

芹菜适应性强，易栽培，产量高，收益大，在绿叶菜中占重要地位。在北方地区种植面积越来越大，各地由于气候条件不同，种植茬口也不同。该种植技术方案在不同茬口，基本都可适用。

二、芹菜栽培关键技术

1. 品种选择

西芹种植技术上要注意选用高产、优质、抗病虫、适应性广、商品性好的品种，如美国文图拉、荷兰西芹、四季西芹、加洲王、百利等。

2. 育苗

俗话说"苗好三分收"，育苗环节非常关键。

（1）种子消毒：由于许多病原菌是由种子带菌产生的，如芹菜的病毒病、软腐病、根腐病等，因此育苗前一定做好种子消毒。播种前用 0.1% 的高锰酸钾浸种 30 分钟，清洗干净后用，可有效杀死种子带的各种病菌。

（2）育苗方法：为了配合机械化移栽，育苗一般采用穴盘无土育苗。

穴盘和基质的选用：穴盘选用 288 孔或 128 孔穴盘，基质可选用草炭、蛭石、珍珠岩，配比为 3：1：1，基质配比按照体积比配制，每立方米基质加 25 千克膨化鸡粪，搅拌均匀，再加入 100 克多菌灵或 200 克百菌清，用于基质消毒。装料时，剔除结块基质和鸡粪，育苗基质装至穴钵 3/4 为宜并压实。

种子处理：西芹播种前种子应进行低温催芽处理。具体方法是：播种前将种子在阳光下晒 0.5～1 小时，然后在水中浸 12～16 小时，冲净后放在 10～15℃的冰箱或冷藏室内进行催芽，当至少 50％左右种子露白时即可播种。

播种：采用人工播种的方法，播种前 1 天润湿基质，将种子平放于穴内，1 穴 1 粒，发芽较长的种子直插于穴内，上面再覆盖一层蛭石，用 6 000 倍的爱多收溶液润湿穴面，起到促进发芽，使发芽齐整、壮根壮苗的作用。也可将种子丸粒化处理后用机械播种。

3. 苗期管理

（1）出苗期：催芽的种子吸足水分，在适宜的温度和供氧条件下，经过一定的时间可以出苗，西芹从播种至齐苗大约需 7 天，时间虽短，但管理要求高，要求从苗期环境条件的总体出发，调节温度和水分这两个主要因子。整个出苗期要经常观察种子的萌动、穴盘中培养基质内水分的干湿和日照的强烈程度。此期间用遮阳网全天候覆盖育苗棚，等出苗后 2 片子叶展开转绿时及时揭掉遮阳网。

（2）幼苗生长期：西芹幼苗从 2～6 张叶片为幼苗生长期，此期的管理是培育壮苗的关键。管理上主要抓好以下几方面的工作：一是及时掌握遮阳网的覆盖时间。晴天上午 8：00 至 16：00 盖遮阳网降温，其余时间揭去遮阳网。阴天及小雨天不盖网，间歇盖网历时 2～3 周。二是加强肥水管理。遇到阴雨天气，采取一网一膜法，确保基质不受雨水淋湿。6、7 月份的晴好天气，温度较高，光照较强，若发现穴盘中培养基质内水分较少，应及时酌情喷水。当幼苗长到 3～4 片叶片时，及时补充叶面肥料，用 2 000 倍的植物动力 2003 叶面喷施 1～2 次，提高幼苗素质。三是严格控制苗期温度，通过遮阳网揭盖，严格控制苗期温度，温度一般控制在 22℃左右，最高不超过 25℃。四是加强病虫害防治。西芹苗期病害主要为立枯病和猝倒病，幼苗 2 叶 1 心期用 75％百菌清 1 000 倍液加 3％井冈霉素 500 倍液预防，以后每隔 1 周喷洒 1 次杀菌剂，连续用 3~4 次。虫害主要有蚜虫，用 10%吡虫啉 3 000 倍液防治，其它虫害可根据发生情况选择相应的药剂进行防治。

4. 起苗

穴盘基质育苗一般时间比较短，秧苗正常为 6 叶 1 心，苗龄 40~45 天，即可移栽大田。起苗前 1 天用清水浇透营养块，起苗时，用专用起苗器或竹片轻轻起苗，不可拔苗，以防损伤根系或散坨。起苗后及时按规格装箱，搬运时应小心轻放。

5. 定植

（1）定植前消毒工作：在定植前 1~3 天，用瑞苗清 2 000 倍液＋益微 750 倍液喷淋芹菜苗，连叶带茎包括茎基部要全部喷到，做到无菌苗定植，防止定植后死苗。

（2）基肥的使用：基肥组成要全面，科学合理，营养均衡。基肥包括有机肥、化肥、菌肥、微量元素，缺一不可。

有机肥：常见的农家肥或牲畜肥每亩用 3 立方米。

化肥：复合肥 15~20 千克。

菌肥：益微菌剂 300~500 克。给土壤中增加有益菌，解决重茬问题，有效控制死苗，大幅度提高芹菜的产量。

微量元素：优力硼锌 200 克。有效防止芹菜空心、脆秆等生理病害的发生。

（3）定植方法。旋耕耙细后的土壤田内使用秧苗移栽机定植。

秧苗移栽机是我国近年来引进国外先进技术，消化吸收、改造升级的适合我国农业生产和农民需要的栽植机械。移栽机的使用大大提高了农业种植业尤其是秧苗移栽的劳动生产率，减轻了劳动强度，提高了农机化整体水平。

按 100 厘米宽的大垄，小垄行距 40 厘米，单株栽植，株距 30 厘米，调整好秧苗移栽机，定植 9 万~12 万株/公顷。穴盘苗连基质一起拔出，淘汰病虫苗和弱苗，按大小苗分别定植。深度以"浅不露根、深不淤心"为度，随栽随浇水。

6. 定植后管理

定植后及时喷淋浇灌瑞苗清 50 毫升＋碧欧 15 毫升，有效防治芹菜死苗（茎基腐病）的发生，并促进芹菜缓苗，根系快速生长。

肥水管理：芹菜是喜湿作物，整个生长季内对水肥要求较高，要求土壤经常保持湿润。所以西芹苗定植浇水以后，隔2～3天浇缓苗水，缓苗后要进行一次浅锄（如果是地膜覆盖或是起垄栽培就可以不锄）；当10～15天芹菜缓苗之后，要浇水施肥，每亩地要随水带入尿素10～15千克，浇水3～4天之后，要进行一次深锄。深锄后还要经常给水，以保持地表的湿润。在给水的同时，要补充钙肥和微量元素，每亩地施入石灰50千克，同时施入锌、硼、铁、镁等微量元素肥料2.5～5千克。

当西芹长到20厘米高的时候，开始进入旺盛生长期，这次给水要随水施入尿素10千克、硫酸钾10千克。

7. 芹菜周期性用药方案

定植后30天，植株长至30厘米，每10天喷施安泰生600倍，可有效预防各种叶部病害的发生，并补充锌元素，提高芹菜品质。及时观察田间有无病虫害，喷施好力克3 000倍液或拿敌稳4 000倍液防治叶部病害；虫害发生可用锐丹1 000倍防除斑潜蝇、小菜蛾，用美除1 000倍液防治棉铃虫、菜青虫和甜菜夜蛾等鳞翅目害虫。以上为芹菜周年管理技术方案，成本低，有效防治芹菜病虫害，及各种生理性病害如空心、脆秆、心腐等，提高芹菜品质、产量，增加农户收益。

二、病虫害防治

1. 芹菜斑枯病

症状：主要危害叶片、叶柄。初发病时均为油渍状褐色小斑点。病斑多连成片，中央黄白色至灰白色，边缘黄褐色，聚生很多小黑点。茎部发病，病斑为褐色稍凹陷，中部散生许多小黑点。

防治方法：斑枯病是芹菜生长中最主要的病害，它在苗期和生长后期均可发生。在苗期芹菜没有封垄的时间内，发生的斑枯病较易防治：每15千克水中加克露80克，加入3号剂50毫升，进行叶面喷施之后，其防治效果非常好。但是进入到芹菜的旺盛生长期后，若发生斑枯病，相对较难防治，除了喷施药物之外，要加强施钾肥、进行田间通风，同时在喷施克露的同时，要和内吸性药剂进行穿插喷施，例如杜邦福星、世高、克露等内吸性药剂，进行轮回喷施，所以在这个时期加强钾肥、增加通风，是迅速解决这个病害的关键因素。

2. 芹菜叶斑病

症状：病斑灰褐色，边缘色稍深但不明晰，圆形或不规则形，严重时斑块相连，叶片干枯，湿度大时可能产生灰白色霉层。

防治方法：发病前可选用 70% 安泰生 600 倍液进行预防，植株生长前期发病可选用好力克 5 000 倍液，对植株更安全；后期发病可选用斑无敌 3 000 倍液，效果更强劲。

3. 芹菜病毒病

症状：芹菜苗期至成株期均可感病，以苗期感病受害最重。表现为花叶、皱缩、生长缓慢。病毒依靠蚜虫和汁液传播。芹菜病毒病发生的一个主要诱因是缺锌。

防治方法：病毒 A 40 克、7 号剂 100 毫升兑 30 斤水喷施。

4. 芹菜细菌性软腐病

症状：主要发生于叶柄基部或茎中。先出现水浸状，后呈湿腐状，变黑发臭。病原细菌从芹菜伤口侵入，借雨水或灌溉传播，在生长后期湿度大时发病重。

防治方法：可每亩地使用 3.5 千克硫酸铜溶液及 15 千克水兑 400—500 万单位链霉素喷施。

三、芹菜生理性病害的防治

芹菜的生理性病害有黑心腐、空心、裂茎等。

1. 黑心腐

开始心叶叶脉间变褐、逐渐坏死导致整个生长点呈黑褐色。发生原因主要是缺钙造成的，特别是在施肥过多时，抑制了钙的吸收。防治在发病前喷施瑞培钙 1 500 倍，10 天一次，连喷 2 次，可有效减轻。

2. 空心

空心是一种生理老化现象，发生的部位是叶柄，多为喷施激素过多，生长快，养分供应不足所致。防治空心应在芹菜生长旺期，及时叶面喷施磷酸二氢钾 600 倍液＋碧欧 1 000 倍液。

如果芹菜成熟后不及时采收，芹菜就会老化，所以要及时采收。

3. 裂茎

裂茎多数表现为茎基部连同叶柄同时开裂，影响芹菜品质。发生原因主要是缺硼所致。防止裂茎应在定植前每亩施入优力硼锌 200 克；同时在生长旺期及时叶面喷施瑞培硼 1 500 倍液。

四、典型案例分析

（一）西芹烂芯问题的处置

乌兰察布市夏季气温较低，日平均气温一般在 23℃左右，适宜西芹的生长，因此这里的菜农有着多年种植西芹的基础。早在 20 世纪 70 年代，乌兰察布的实秆芹菜（又称西芹）就以纤维少、品质脆嫩、味道浓郁的特点闻名全国。2000 年，乌兰察布地区西芹种植面积达到了 5 万多亩。2001 年以后，乌兰察布大力引进新的西芹品种，西芹种植面积继续扩大。新品种西芹的种植方式有两种：1 月和 4 月初在大棚里育苗，5 月中旬移栽到露地，8 月收获时西芹的单株重 1～1.5 千克；2、3 月份初期在温室育苗，5 月露地移栽，7 月可以长出单株重 3 千克左右的大西芹。乌兰察布西芹每年平均亩产 7 500 千克左右，价格为每千克 1 元，经济效益比较可观。露地西芹在 8 月初进入市场之前，温室大棚里种植的西芹已经上市了，价格也很好。大棚西芹 2 月在温室里开始育苗，4 月在大棚里种植，6 月就可以上市。

2010 年，在乌兰察布市丰镇市红砂坝的 10 个大棚里种植了大约 10 亩地的西芹。但是西芹由于育苗晚，进入 6 月还没有成熟。到了 6 月末，露地温度已达 20℃，大棚里温度就更高了，此时大棚里的西芹就很容易出现烂心的现象。西芹烂心有很强的隐蔽性，刚开始从心里面烂，种植户很难注意到，但到了 7 月中旬收获时，外面的叶片看起来是很好，其实芹菜心已经发蔫腐烂。

经调查发现西芹烂心主要是因为夏季温度过高，不适合西芹生长。这种病，严格地说不是软腐病，而是由于西芹在高温环境下，幼嫩的叶片里会产生很多的草酸，因为没有充足的钙与草酸结合，所产生的草酸会使嫩叶中毒，致使嫩叶死亡并开始腐烂。

因此，温室大棚里种西芹，在温度超过 30℃的情况下，一定要充分注意它的心和根的腐烂问题。这给西芹种植者提供了非常有益的启示，即种植西芹一定要在夏季冷凉的条件下或在春季的大棚里；夏季高温大棚里是不可以种植西芹的。一定要把握西芹对温度的要求这个生物学特性，而不能盲目种植。如果在炎热的条件下种植，必须对它产生的生理障碍和病害予以及时地观察和防治，否则就会产生西芹烂心的问题。